ALLE ZEIT WACH
1842

Klaus Pichhardt

Lebensmittel-mikrobiologie

Grundlagen für die Praxis

Mit 52 Abbildungen

Springer-Verlag
Berlin Heidelberg New York Tokyo 1984

Dipl. Ing. KLAUS PICHHARDT
Kuhpfortenstraße 11
6521 Bechtheim

ISBN 3-540-13522-7 Springer-Verlag Berlin Heidelberg New York Tokyo
ISBN 0-387-13522-7 Springer-Verlag New York Heidelberg Berlin Tokyo

CIP-Kurztitelaufnahme der Deutschen Bibliothek

Pichhardt, Klaus:
Lebensmittelmikrobiologie : Grundlagen für d. Praxis /
Klaus Pichhardt. -
Berlin : Heidelberg ; New York ; Tokyo Springer, 1984.
ISBN 3-540-13522-7 (Berlin...) brosch
ISBN 0-387-13522-7 (New York...)

Druck- und Bindearbeiten: Beltz, Offsetdruck, Hemsbach/Bergstr.
2131/3130-543210

Vorwort

Dieses Buch dient als Leitfaden für Arbeitsmethoden der Lebensmittelmikrobiologie. So werden alle diejenigen angesprochen, die lebensmittelmikrobiologische Methoden erlernen wollen, seien es Studierende der Lebensmitteltechnologie und Ernährungswissenschaft oder technische Assistenten und Laboranten.

Die Lebensmittelmikrobiologie nimmt stetig an Bedeutung zu. Das ist nicht zuletzt auf die steigenden Ansprüche der Lebensmitteltechnologie zurückzuführen. Wie häufig erweist sich der technologische Fortschritt stillschweigend als Schrittmacher anderer Disziplinen. Das veranlaßte den Verfasser, das Thema aus praxisorientierter Sicht zu bearbeiten.

Dem Buch liegt folgendes Konzept zugrunde:

Der Teil I befaßt sich mit den gängigsten mikrobiologischen Arbeitsmethoden und Techniken. Aspekte zum Stichprobenplan werden in Teil II dargelegt. Dabei liegen Empfehlungen internationaler Kommissionen zugrunde.

Zahlreiche graphische Darstellungen tragen zum besseren Verständnis bei.

Die Mikrobiologie der Lebensmittel umfaßt Produkte pflanzlichen und tierischen Ursprungs.

Nahrungsmittel können flüssig, fest, voluminös oder pulverförmig sein. Auf differenzierte Nachweismethoden wurde daher bewußt verzichtet. Diese würden einerseits den Rahmen des Buches sprengen, anderseits ist die Sammlung amtlicher Methoden nach § 35 Lebensmittel- und Bedarfsgegenständegesetz als verbindlich anzusehen. Sollte im Einzelfall eine andere Methode Anwendung finden, so hat der Anwender dies zu begründen und die Aussagekraft mit der entsprechenden amtlichen Methode zu überprüfen.

Selbstverständlich konnten nicht alle Bereiche der praktischen Lebensmittelmikrobiologie eine Berücksichtigung finden; daher wird der Kundige zwangsläufig einige Details vermissen.

Die im Anhang aufgeführte Literatur hilft beim weiteren Einstieg, auch in die allgemein-mikrobiologischen Grundlagen dieses umfangreichen Wissensgebietes.

An dieser Stelle möchte ich allen danken, die mir mit ihrer Erfahrung bei der kritischen Durchsicht des Textes halfen. Dem Springer-Verlag bin ich dankbar für die Ermöglichung der vorliegenden Publikation.

Bechtheim, im Juli 1984 KLAUS PICHHARDT

Inhaltsverzeichnis

Teil II

Anhang

Einleitung

Aufgabe und Bedeutung der Lebensmittelmikrobiologie

Der Sinn und Zweck einer jeden lebensmittelmikrobiologischen Untersuchung soll darin liegen,

- Die Steuerung der Produktion im Hinblick auf eine gute Herstellpraxis positiv zu beeinflussen,
- das in den Handel bringen von Produkten geringerer Qualität, verdorbener Nahrungsmittel oder solcher schlechter Haltbarkeit zu verhindern,
- den Konsumenten vor potentiellen Risikokeimen zu schützen.

In der Lebensmittelmikrobiologie sind drei Untersuchungsarten zu unterscheiden:

- Die quantitative Erfassung der lebensfähigen und vermehrungsfähigen Organismen im gegebenen Produkt auf einem geeigneten, nicht selektiven Nährboden;
- die qualitative und quantitative Untersuchung verschiedener Typen von Organismen;
- die qualitative Suche nach spezifischen Organismen auf selektiven Nährböden.

Eine hohe bakterielle Belastung wird häufig die Haltbarkeit des Lebensmittels während einer bestimmten Lagerzeit und -temperatur anzeigen.

Unter den vielfältigen Mikroorganismenarten sind nur sehr wenige unerwünscht oder sogar schädlich. Das Wissen von den verschiedenen Typen in vorhandenen Produkten wird die Wahrscheinlichkeit des Verderbens, hervorgerufen durch Ranzigwerden, Säurebildung oder Fäulnis etc. anzeigen.

Es hat sich in den letzten Jahren herausgestellt, daß die Ausweitung von selektiven Medien auf dem lebensmittelmikrobiologischen Gebiet neben den Floranalysen sogenannter Indikatororganismen die Wahrscheinlichkeit der Isolierung von gesuchten Organismen erhöht.

Man unterscheidet in der Lebensmittelmikrobiologie zwei methodische Möglichkeiten:

- Der Gebrauch von Allzweck-Nährmedien mit Indikatorcharakteristiken, so daß Vordifferenzierungen und Subkulturen von deutlich zu unterscheidenden Spezies gemacht werden können.
- Verwendung von verschiedenen Selektivmedien, die die Isolierung von spezifischen Gruppen von Organismen zulassen.

Ein Charakteristikum der Lebensmittelmikrobiologie ist die Erhebung von Stichproben nach den Gesetzen der Statistik sowie eine Aufarbeitung der Proben vor dem eigentlichen Analysengang.

Nicht nur das Lebensmittel selbst, sondern insbesondere der Herstellprozess und die mikrobiologische Packmittelkontrolle sind Gegenstand einer lückenlosen Qualitätssicherung.

An dieser Stelle soll nachdrücklich darauf aufmerksam gemacht werden, daß Arbeiten mit Krankheitserregern für lebensmittelmikrobiologisch Tätige ohne jede Bedeutung sind. Eine Verdachtsdiagnose ist durch anerkannte Labors zu bestätigen bzw. zu entkräftigen.

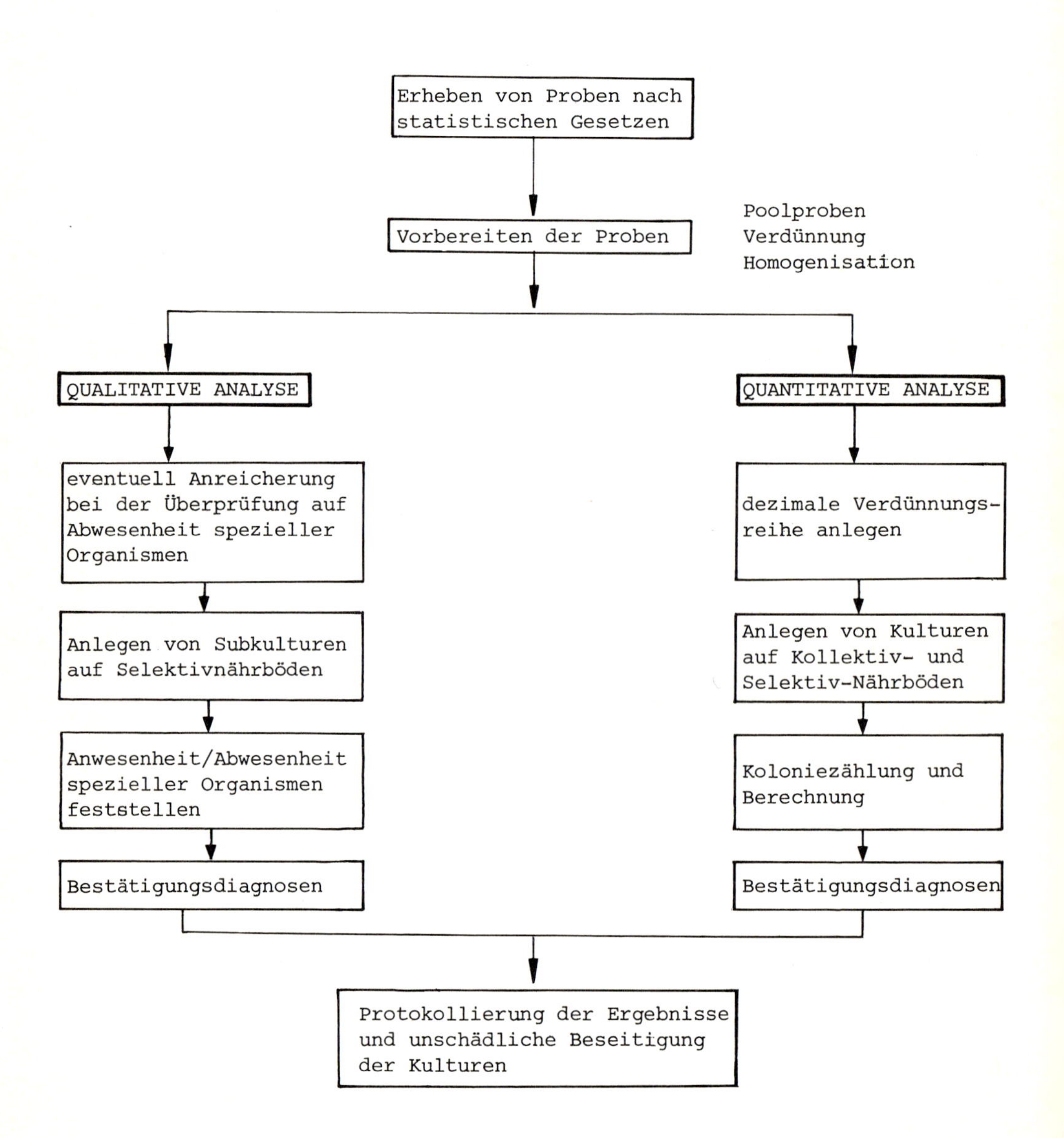

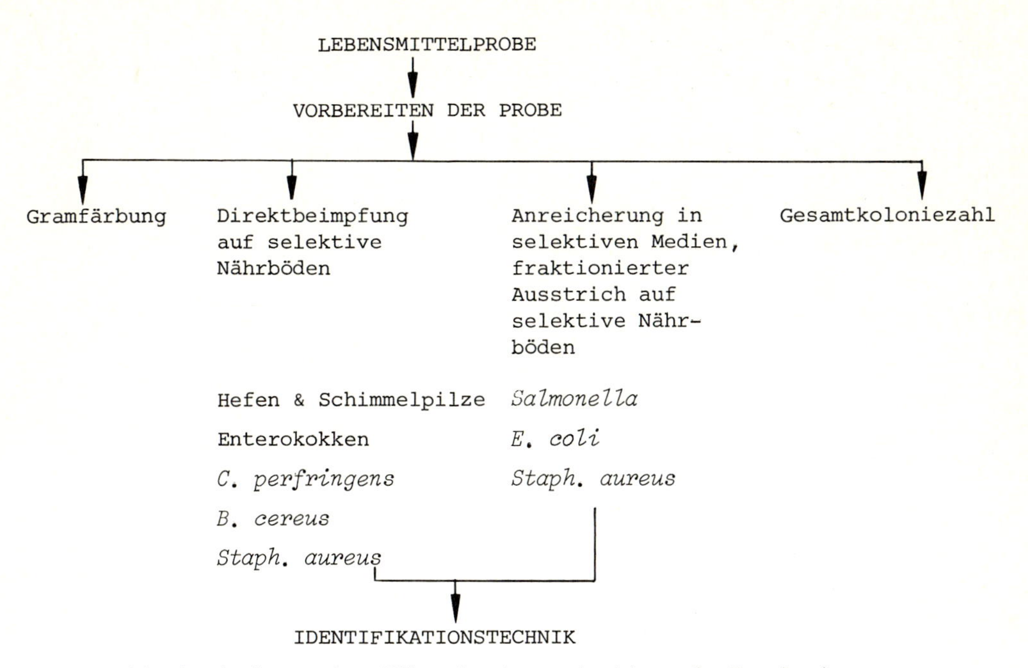

Die vorstehenden Schemata verdeutlichen – vereinfacht dargestellt – einen lebensmittelmikrobiologischen Arbeitsgang.

Der aufgeführte Schlüssel sowie die Klassifizierung nach physiologischen Merkmalen beziehen sich ausschließlich auf die lebensmittelmikrobiologisch wichtigsten Bakterienarten.

Bakterien-Schlüssel (Nach BUCHANAN u. GIBBONS 1974)

Spiralförmige und gebogene Bakterien

Familie Spirillaceae
Gattung *Spirillum*

Gramnegative, aerobe Stäbchen und Kokken

Familie Pseudomonadaceae
Gattung *Pseudomonas*

Familie Halobacteriaceae
Gattung *Halobacterium*
Gattung *Halococcus*
Gattung mit unklarer Angliederung *Alcaligenes*
Acetobacter

Gramnegative, fakultativ anaerobe Stäbchen

Familie Enterobacteriaceae
Gattung *Escherichia*
Gattung *Citrobacter*
Gattung *Salmonella*
Gattung *Shigella*
Gattung *Klebsiella*
Gattung *Enterobacter*
Gattung *Serratia*
Gattung *Proteus*
Gattung *Erwinia*
Gattung mit unklarer Angliederung *Flavobacterium*

Grampositive Kokken

Familie Micrococcaceae
Gattung *Micrococcus*
Gattung *Staphylococcus*

Familie Streptococcaceae
Gattung *Streptococcus*
Gattung *Leuconostoc*
Gattung *Pediococcus*

Endosporenbildende Stäbchen und Kokken

Familie Bacillaceae
Gattung *Bacillus*
Gattung *Clostridium*
Gattung *Desulfotomaculum*

Grampositive, asporogene stäbchenförmige Bakterien

Familie Lactobacillaceae
Gattung *Lactobacillus*

Bakterienklassifikationen nach physiologischen Merkmalen

(Nach FRAZIER 1967)

- Bildung von Milchsäure

  Streptococcus
  Leuconostoc
  Pediococcus

- Bildung von Essigsäure

  Acetobacter

- Bildung von Buttersäure

  Clostridium

- Bildung von Propionsäure

  Propionibacterium

- Fettspaltung durch lipolytische Enzyme

  Pseudomonas
  Alcaligenes
  Micrococcus

- Eiweißzersetzung durch proteolytische Enzyme

  Bacillus
  Pseudomonas
  Clostridium
  Streptococcus
  Micrococcus
  Proteus

- Fäulnis durch pektinolytische Enzyme

  Erwinia
  Bacillus
  Clostridium

- Gasbildung

  Leuconostoc
  Lactobacillus
  Propionibacterium
  Escherichia
  Proteus
  Bacillus
  Clostridium

- Pigmentbildende Bakterien

  Flavobacterium
  Serratia
  Micrococcus
  Halobacterium

- Salztolerante Bakterien

  Micrococcus
  Pseudomonas
  Pediococcus
  Halobacterium

- Zuckertolerante Bakterien

  Leuconostoc

Teil I

Mikrobiologische Techniken und Verfahren

Mit der Wahl geeigneter Untersuchungsmethoden und Nährmedien läßt sich der mikrobiologische Status eines Lebensmittels feststellen. Ebenso wichtig wie die Kontrolle des Nahrungsmittels bzw. dessen Rohstoffe, ist die mikrobiologische Sicherung von Verpackungsmaterialien. Produktionsmaschinen, Arbeitstischen, Gerätschaften etc.

Mikrobiologisches Arbeiten setzt größte Genauigkeit voraus; andernfalls können Fehlinterpretationen der Ergebnisse die Folge sein.

Bei den quantitativen Kultivierungsverfahren, also dort wo Keimzahlen bestimmt werden, geben Parallel- oder Dreifachansätze die nötige Sicherheit. Das gleiche gilt für die Höhe der Probenahmefrequenz.

Unbefugten ist der Zutritt zum Labor grundsätzlich nicht zu gestatten. Eine Verschleppung von Mikroorganismen kann unangenehme Folgen haben.

Folgende Punkte sind beim mikrobiologischen Arbeiten zu beachten:

- Arbeitskittel müssen aus kochfestem Material gearbeitet sein. Ein regelmäßiges Wechseln der Arbeitskleidung, nicht nur bei optischer Verschmutzung, ist selbstverständlich.
- Eine regelmäßige Reinigung und Desinfektion der Tische, Wände und Fußböden ist obligatorisch.
- Das Essen, Trinken und Rauchen im Labor ist zu unterlassen.
- Kulturen von Mikroorganismen sind immer so zu behandeln, als enthielten sie pathogenes Material.
- Kulturen dürfen nicht offen stehen bleiben und nicht mit den Händen berührt werden.
- Kulturen in Petrischalen, Reagenzgläsern oder Anreicherungskolben dürfen erst nach Abtötung durch Desinfektionsmittel wie Formalinlösung oder Autoklavierung fortgeworfen werden.

Ausrüstung für das mikrobiologische Laboratorium

Apparate und technische Hilfsmittel

- Autoklav für Sterilisationen unter strömendem Dampf und Druck von mindestens 1 bar (121°C)

- Abfüllautomat für Lösungen
- Anaerobier-Topf
- Aluminiumfolie
- Brutschränke für 20, 30, 37 und 45°C
- Bunsenbrenner
- Deckglaspinzette
- Dosierspritzen
- Drahtkörbe
- Filtrationsgerät mit Wasserstrahlpumpe
- Gummistopfen
- Homogenisationsgeräte (Ultra Turrax, Stomacher etc.)
- Kappenverschlüsse aus Aluminium
- Kolle-Halter
- Kühlschrank
- Keimzählapparat mit Vergrößerungsglas und Beleuchtung
- Luftkeimsammelgerät
- Magnetrührer mit Heizplatte
- Membranfilter
- pH-Meter
- Platinösen und -drähte
- Pipettenbüchsen
- Reagenzglasgestelle
- Schüttelapparat
- Sterilisierbare Spatel, Löffel, Pinzetten, Scheren, Dosenöffner, Skalpelle
- Trockensterilisator bis 180°C
- Waagen
- Wasserbäder mit Thermostaten für 37 und 45°C
- Wasserbad zum Aufkochen von Nährböden
- Wattestopfgerät für Pipetten
- Wasservollentsalzungsanlage

Glas- und Kunststoffartikel

- Abwurfschalen und -behältnisse
- Bechergläser
- Drigalski-Spatel
- Durham-Röhrchen
- Einmal-Pipetten aus Polystyrol

- Färbeschalen mit Färbebank
- Gärröhrchen nach Einhorn
- Glaskolben (Weithals)
- Glasperlen
- Meßzylinder
- Nährbodenflaschen
- Objektträger und Deckgläser
- Pasteurpipetten
- Pipetten (vorzugsweise Wattestopfpipetten)
- Pipettierhilfen
- Petrischalen aus Polystyrol
- Porzellanmörser mit Pistill
- Reagenzgläser (Kulturröhrchen), starkwandig
- Rodac-Platten
- Steilbrustflaschen

Utensilien für die Probenahme

- Äthylalkohol
- Desinfektionsmittelspray
- Hydrophile Watte
- Kühlbox für den Probentransport
- Latex-Einmal-Handschuhe
- Propangasbrenner zum Abflämmen
- Probenahmegeräte (Löffel, Spatel, Pinzette, Butterbohrer, Dosenöffner, Wasserheber)
- Schreibmaterial (Bleistift, Fettstift, Erhebungsprotokoll)
- Sterilbeutel und -dosen
- Thermometer

Nährböden

Bakteriologische Nährböden dienen der Kultivierung, d.h. der Vermehrung von Mikroorganismen.

Allen bakteriologischen Nährböden, mit Ausnahme der Mangelmedien, ist gemeinsam, daß sie durch geeignete Zusammenstellung ein optimales Wachstum der Keime ermöglichen. Die Inhaltsstoffe der Nährböden müssen auf die zu kultivierenden Keime, d.h. deren biochemischen Stoffwechselcharakteristika, abgestimmt sein. Die Zusammenstellung der Nährböden erfolgt aus organischen und anorganischen Substanzen; so zum Beispiel Eiweißhydrolysate, Kohlenhydrate, Mineralstoffe, Spurenelemente und Vitamine.

Alle Mikroorganismen haben eines gemeinsam, sie können für ihre Ernährung und Vermehrung nur wasserlösliche Nährstoffe aufnehmen. Neben Wasser und den Nährstoffen sind pH-Werte und Redoxpotential des Nährbodens sehr wichtig. Dadurch wird eine optimale Vermehrung der Keime garantiert.

Je nach Bedarfsfall müssen die Nährmedien durch Geliermittel gefestigt werden. Das Geliermittel Agar-Agar ist ein aus Algen gewonnenes Polysaccharid. Bei einem Zusatz von 1% zu den Nährmedien kann es bis zu 121°C erhitzt werden. Die Gelierfähigkeit nimmt nicht ab; außerdem hat Agar-Agar den Vorteil, daß es von Mikroorganismen i.a. nicht angegriffen wird. Agar-Agar geliert bei ca. 45°C.

Ein weiteres Geliermittel ist Gelatine, ein aus Knochen und Bindegeweben gewonnenes Protein. Die Gelierfähigkeit der Gelatine ist hitze- und pH-abhängig.

Je nach Konzentration des zugesetzten Geliermittels unterscheidet man:

Feste Medien. Feste Nährböden enthalten mindestens einen Zusatz von 1% Agar-Agar. Sie ermöglichen eine Trennung und morphologische Beurteilung von Einzelkolonien. Feste Nährböden eignen sich zum qualitativen und quantitativen Keimzahl- und Keimarttest.

Halbfeste Medien. Der Agar-Agar-Zusatz liegt unter 1%. Halbfeste Medien dienen dem Nachweis beweglicher Keime. Die Medien werden als Hochschichtröhrchen angelegt. Durch einen senkrechten Stich wird das Medium beimpft. Bewegliche Keime wachsen bürstenartig in die Tiefe des Mediums. Eine Keimzahlbestimmung in halbfesten und flüssigen Medien ist nicht möglich (Abb. 1).

Abb. 1. Impfstich und ein gläserbürstenähnliches Wachstum im halbfesten Medium

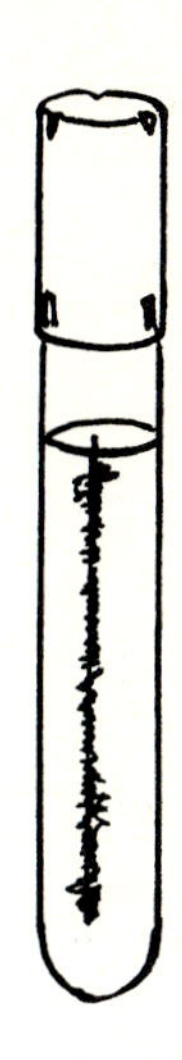

Flüssige Medien. Für eine rasche Vermehrung, auch zum Aktivieren von Keimen, benötigt man flüssige Nährmedien. Einige Keime bilden erst in flüssigen Medien charakteristische Wuchsformen. Diese charakteristischen Wuchsformen lassen sich dann mit Hilfe eines Mikroskops auswerten.

Je nach Zusammensetzung lassen sich Nährböden unterscheiden in:

Kollektiv-Medien. Bei diesen Medien ist das Nährstoffangebot so abgestimmt, daß einer großen Zahl vermehrungsfähiger Keimarten optimales Wachstum ermöglicht wird. Es sind Nährböden für die Bestimmung der Gesamtkeimzahl in Lebensmitteln.

Selektiv- und Anreicherungsmedien. Das Nährstoffangebot und die selektivierenden Zusätze lassen bei diesen Nährmedien nur für bestimmte Keimarten ein ungehemmtes Wachstum zu.

Mangelmedien. Die Nährböden haben ein absichtlich reduziertes Nährstoffangebot. Dieses führt zu einem verzögerten Wachstum bzw. zu charakteristischen Mangelerscheinungen der darauf zu kultivierenden Keime.

Herstellung von Nährböden

Für das lebensmittelmikrobiologische Laboratorium gibt es fast alle Medien fertig gemischt als Trockenmedien. Nach dem Lösen in destilliertem oder vollentsalztem Wasser und anschließendem Sterilisieren sind sie gebrauchsfertig. Einigen Trocken-Nährmedien müssen hitzeempfindliche Reagenzien nach Hitzebehandlung im Sterilisator zugesetzt werden. Aus Trocken-Nährmedien können feste, halbfeste und auch flüssige Medien hergestellt werden.

Durch die Standardisierung der Trocken-Nährmedien lassen sich Untersuchungsergebnisse zwischen einzelnen Laboratorien austauschen. Die Nährbodenhersteller garantieren auch eine gleichbleibende Qualität. Jedes Medium hat eine Herstellvorschrift.

Selbstverständlich kann man auch die Nährmedien aus zusammengestellten Grundstoffen fertigen. Der Arbeitsaufwand ist allerdings sehr groß, und eine Standardisierung der Untersuchungsmethoden zwischen einzelnen Labors ist nur bedingt möglich.

Vor dem Abwiegen müssen alle Geräte, die zum Zubereiten der Nährmedien verwendet werden, gründlich gereinigt werden. Fabrikneue Glasgefäße werden mit verdünnter Salzsäure gereinigt; eine Spülung mit destilliertem Wasser schließt die Reinigung ab.

Bei Trocken-Nährmedien ist die benötigte Menge nach Angaben des Herstellers direkt in ein genügend großes Glasgefäß, meist Erlenmeyerkolben, einzuwiegen. Die zum Abwiegen bestimmten Metallspatel sollten vor Gebrauch in Alkohol getaucht und durch anschliessendes Abflammen sterilisiert werden.

Lösen von Trocken-Nährmedien

Das genau eingewogene Trockengranulat bzw. -pulver wird zunächst durch kräftiges Schütteln mit einer kleinen Menge dest. Wasser aufgeschlemmt.

Nach dem Aufschlemmen wird die restliche Menge dest. Wasser hinzugegeben und nochmals geschüttelt. Anschließend wird das Glasgefäß mit einer überlappenden Aluminiumfolie verschlossen und beschriftet. Durch eine Beschriftung wird eine eventuelle Verwechslung mit anderen, parallel angesetzten Medien ausgeschlossen. Die Herstellungsbeschreibung sollte immer aufmerksam gelesen werden.

pH-Wert-Einstellung

Bei den käuflich erworbenen Trocken-Nährmedien kann auf eine pH-Wert-Einstellung bzw. -korrektur meist verzichtet werden. Der Hersteller garantiert durch standardisierte Rezeptur, daß der End-pH-Wert nur in engen Grenzen schwankt.

Bei Nährböden, die aus einzelnen Substanzen im Labor hergestellt werden, muß eine pH-Einstellung vor bzw. teilweise auch nach der Sterilisation erfolgen.

Zum Einstellen des pH-Wertes verwendet man entweder eine 1 n NaOH (Natronlauge) oder zum Säuern des Nährmediums eine 1 n HCL (Salzsäure).

Sterilisieren von Nährmedien

Sofort nach dem Lösen eines Trocken-Nährmediums muß dieses sterilisiert werden. Eine mögliche Veränderung der empfindlichen

Nährbodenbestandteile durch eine beginnende Vermehrung darin befindlicher Mikroorganismen wird somit ausgeschlossen.

Sterilisieren bedeutet bei der Nährbodenbereitung eine Hitzeabtötung von vegetativen und versporten Formen von Keimen im gespannten Dampf. Die Nährmedien werden im allgemeinen bei 121°C (≙ 1 bar) autoklaviert.

Einige Medien dürfen allerdings auf Grund ihrer Zusammensetzung nur aufgekocht oder im Dampftopf erhitzt werden.

Gießen der Nährböden

Nach dem Sterilisieren des Nährmediums im abgedeckten Erlenmeyerkolben muß es im Wasserbad langsam abgekühlt werden. Bei einer Temperatur von ca. 45°C kann es dann in sterile Petrischalen gegossen werden. Durch das Abkühlen wird eine Kondenswasserbildung am Petrischalendeckel verhindert.

Vor dem Gießen in sterile Petrischalen (die Gießmenge sollte ca. 10 ml betragen) ist der Rand des Erlenmeyerkolbens, aus dem gegossen wird, kurz abzuflammen. Der Raum, in dem gegossen werden soll, muß so keimarm wie möglich sein.

Sollten sich beim Gießen auf der Agaroberfläche Bläschen bilden, so können diese vor dem Erstarren des Nährbodens durch kurzes Anflämmen mit dem Bunsenbrenner entfernt werden. Dann läßt man den Nährboden erstarren, selbstverständlich in abgedeckelten Petrischalen.

Trocknen und Vorbebrüten der Nährböden

Frisch gegossene Nährböden sind für das mikrobiologische Arbeiten noch zu feucht. Der frisch gegossene Nährboden wird deshalb vor seiner Verwendung 2 - 4 h bei 30 - 37°C im Brutschrank getrocknet.

Dazu legt man die Petrischalen mit dem Deckel nach unten in einen Brutschrank und legt den Plattenboden mit dem erstarrten Agar schräg auf den Deckel (Abb. 2).

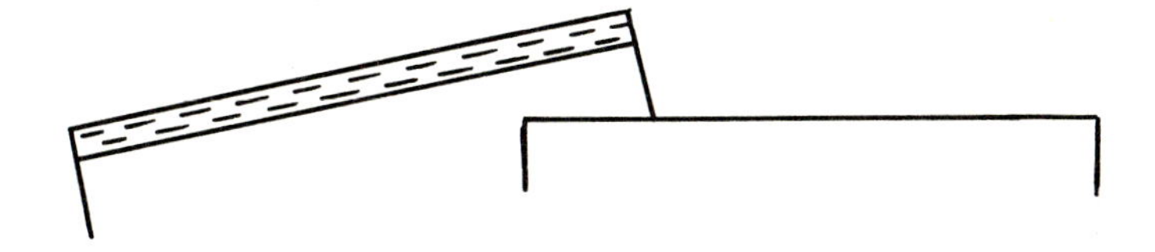

Abb. 2. Trocknen von Agarplatten. Schalen und Deckel werden umgekehrt in ruhender, keimarmer und trockener Luft getrocknet

Nährböden in Kulturröhrchen

Neben Agarnährplatten in Petrischalen benötigt man für das mikrobiologische Arbeiten auch Nährmedien in Kulturröhrchen. Die Medien müssen je nach Anforderung in festem, halbfestem oder flüssigen (Bouillon) Zustand sein. Das Trockengranulat wird zunächst in dest. Wasser vollständig gelöst, dann in Reagenzgläschen, meist 10 ml (für Schrägschichtröhrchen 7 ml) pipettiert, mit Alukappen, Zellstoff- oder Wattestopfen verschlossen und 10 min bei 121°C autoklaviert.

Eine besondere Vereinfachung stellen Nährböden in Tablettenform dar. Bei dieser Anbietungsform entfällt ein Abwiegen. Pro Kulturröhrchen wird eine Tablette genommen und mit einer Pipette die vorgeschriebene Menge dest. Wasser, meist 5 ml, hinzugefügt. Die Röhrchen werden ebenfalls verkapselt und nach Vorschrift autoklaviert.

Die Röhrchen mit Agarzusatz werden als Hochschicht- und als Schrägschichtröhrchen zum Erkalten gebracht.

Während Hochschichtröhrchen in Gestellen senkrecht stehend zum Erkalten gebracht werden, erfolgt die Abkühlung der Schrägschichtröhrchen in fast horizontaler Stellung (Abb. 3, 4).

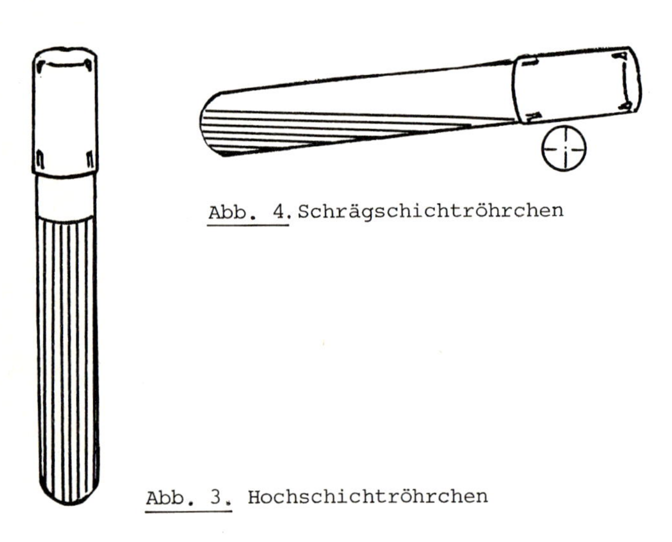

Abb. 4. Schrägschichtröhrchen

Abb. 3. Hochschichtröhrchen

Lagerung gebrauchsfertiger Nährböden

Gebrauchsfertige Nährböden sind nur begrenzt haltbar. Falls ein sofortiger Gebrauch nicht vorgesehen ist, müssen sie unter geeigneten Bedingungen gelagert werden. Für die meisten Nährböden hat sich eine Lagerung im Kühlschrank bei Temperaturen von ca. 4°C am besten bewährt. Sehr wichtig ist, daß sie stets vor Licht geschützt aufbewahrt werden. In besonderen Fällen kann die Bevorratung der Nährböden bei Zimmertemperatur empfohlen werden.

Einige Stunden vor Gebrauch sollen Nährböden dem Kühlschrank entnommen und im Brutschrank erwärmt werden; dadurch wird eine Verzögerung des Wachstums der Mikroorganismen durch zu kaltes Medium vermieden.

Sterilisationsverfahren

Im bakteriologischen Laboratorium gibt es mehrere Verfahren, um Nährböden, Verdünnungsflüssigkeiten, Glasgeräte, Pipetten, Skalpelle, Scheren, Dosenöffner und ähnliches zu sterilisieren. Neben der thermischen Behandlung kennen wir noch eine Sterilisation durch Filtration.

Sterilisation durch feuchte Hitze

Die Sterilisation von Nährmedien und Verdünnungsflüssigkeiten erfolgt im Autoklaven unter gespanntem Dampf. Wasser ist als guter Wärmeleiter bekannt; dadurch ist eine Abtötung unerwünschter Keime gewährleistet, ohne daß Nährmedien unnötig lange der Hitze ausgesetzt werden. Aber auch Gerätschaften, die ein Erhitzen in Heißluftsterilisatoren nicht vertragen, lassen sich im Autoklaven sterilisieren.

Nährmedien werden in der Regel 15 min bei 121°C sterilisiert. Die Sterilisationszeit beginnt mit dem Erreichen der gewünschten Sterilisationstemperatur. Die Zeit vom Betriebsbeginn bis zum Erreichen der Betriebstemperatur bezeichnet man als Steigzeit, den Zeitraum zwischen Betriebstemperatur und Sterilisationstemperatur als Ausgleichszeit (Abb. 5).

Es ist unbedingt darauf zu achten, daß nach der Steigzeit die Ventile ca. 5 min geöffnet bleiben. Dadurch wird die im Druck-

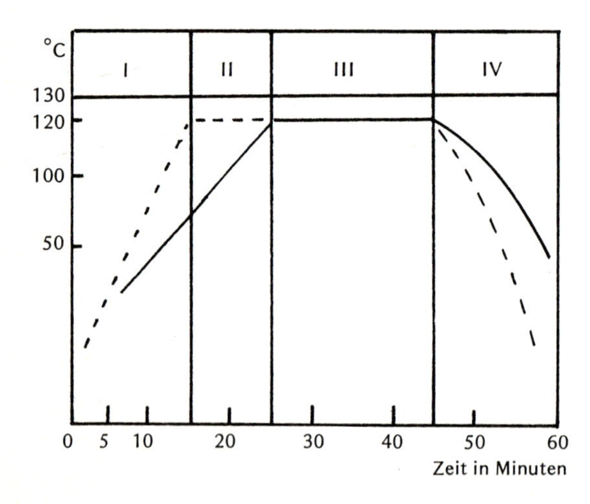

Abb. 5. Schematische Darstellung des zeitlichen Ablaufs einer Sterilisation (Nach BORNEFF 1977). *I* Steigzeit; *II* Ausgleichzeit; *III* Sterilisierzeit (Haltezeit); *IV* Abkühlzeit; ---- T Dampf; —— T im Sterilisiergut

Tabelle 1. Zusammenhang zwischen Temperatur und Druck

Temperatur in °C	Dampfdruck im Autoklav in bar
100	0,0
112	0,5
121	1,0
134	2,0

behälter befindliche Luft verdrängt; denn nur in gesättigtem und luftfreiem Dampf wird bei einem Druck von 1 bar eine Temperatur von 121°C erreicht (Tabelle 1).

Die zu sterilisierenden Gerätschaften werden zweckmäßigerweise vorher in Aluminiumfolie gewickelt. Kolben mit Nährmedien werden mit Aluminiumfolie, Kulturröhrchen mit Alukappen oder Wattestopfen verkapselt.

Es empfiehlt sich, die autoklavierten Nährmedien nach erfolgtem Druckausgleich unter Beachtung eines möglichen Siedeverzugs aus dem Autoklaven zu nehmen und unverzüglich im kalten Wasserbad auf Gießtemperatur abzukühlen; dadurch wird eine weitere unnötige Hitzebeanspruchung vermieden. Große Glasgefäße läßt man besonders langsam im Autoklaven auf ca. 50°C abkühlen, um ein Platzen, hervorgerufen durch Berührung mit kalter Luft, zu verhindern.

Ein Autoklav sollte in regelmäßigen Abständen auf seine Funktionstüchtigkeit hin überprüft werden. Dazu eignen sich Farbstifte, die bei einer bestimmten Temperatur ihre ursprüngliche Farbe ändern; oder man benutzt relativ hitzebeständige Testorganismen, wie die Sporen von *Bacillus stearothermophilus*. Dieser Keim wird von bekannten Nährbodenherstellern gebrauchsfertig vertrieben. Das Prinzip der Autoklavenüberprüfung mit dem Testorganismus besteht darin, daß er der Sterilisationstemperatur ausgesetzt wird und anschließend auf letale Schädigungen hin überprüft wird (Tabelle 2).

Tabelle 2. Aufheizzeit (Steig- und Ausgleichszeit) verschiedener Volumina

Einzelvolumina	Aufheizzeit von etwa
50 ml	5 min
50 - 100 ml	8 min
100 - 500 ml	12 min
500 - 1000 ml	20 min

Es sollten nur gleiche Volumina gleichzeitig autoklaviert werden. Dadurch wird eine ungleiche Hitzebehandlung vermieden

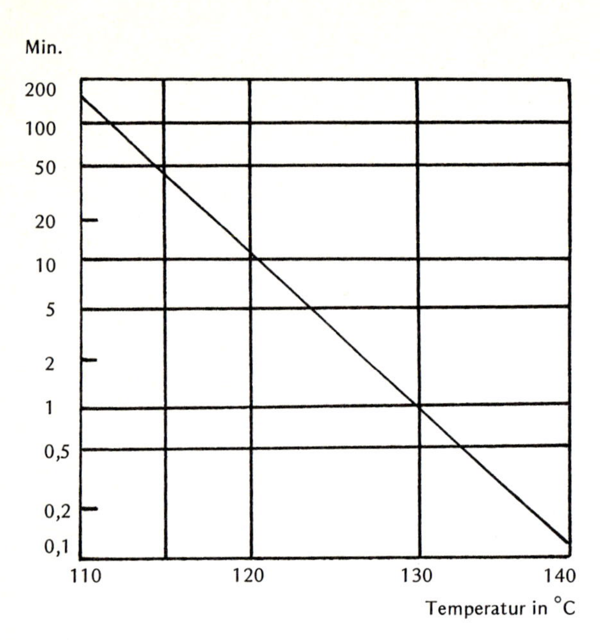

Abb. 6. Dampfsterilisation im Autoklaven (Nach HORN u. MACHMERT 1973)

Das Diagramm der Abbildung 6 verdeutlicht notwendige Einwirkzeiten bei unterschiedlichen Dampftemperaturen. Erlauben Medien (z.B. physiologische NaCl-Lösung) eine Schnellautoklavierung, so wird eine Sterilität bereits nach 36 s bei 134°C erreicht.

Tyndallisation

Steht kein Autoklav zur Verfügung, behilft man sich mit der fraktionierten, diskontinuierlichen Sterilisation. Dieses Sterilisationsverfahren ist auch unter dem Begriff Tyndallisation bekannt. Die Methodik besteht darin, daß eine Erhitzung im Dampftopf (30 min bei 100°C) vorgenommen wird. Die fraktionierte Sterilisation erstreckt sich über drei aufeinanderfolgende Tage, jeweils 30 min bei 100°C. Durch die Erhitzung am ersten Tag werden alle vegetativen Zellen abgetötet. Das zu sterilisierende Nährmedium bleibt über Nacht (mindestens jedoch 5 h) bei Zimmertemperatur stehen, so daß vorhandene Sporen auskeimen. Das zweite Erhitzen tötet die auskeimenden Sporen ab. Zur Sicherheit erhitzt man ein drittes Mal.

Diese Methode hat jedoch zwei gravierende Nachteile:

- Die Tyndallisation ist nicht so sicher wie die Sterilisation im Autoklaven
- Nährböden auf Agarbasis dürfen im sauren Milieu nicht verflüssigt werden. Der Agar hydrolisiert, und die Gelstabilität nimmt ab.
  Eine wiederholte Erhitzung ist daher nur bei agarfreiem Nährboden und bei agarhaltigem mit einem pH-Wert über 5,0 anwendbar.

Sterilisation durch trockene Hitze

Geräte wie Petrischalen, Pipetten, Reagenzgläser, Homogenisierstäbe, Erlenmeyerkolben, Bechergläser, Meßzylinder usw. werden in Trockensterilisierschränken keimfrei gemacht. Auch hier werden die Geräte, wegen einer Reinfektion nach der Sterilisation, in Aluminiumfolie gewickelt bzw. Gefäße mit Aluminiumfolie oder Alukappen verkapselt. Pipetten und Drigalski-Spatel legt man dagegen in sogenannte Pipettenbüchsen. Die Sterilisationstemperatur sollte zwischen 170 und 180°C liegen. Die Sterilisationszeit richtet sich nach der Menge des eingebrachten Sterilisiergutes und nach dem Typ des Heißluftsterilisators. Bei Sterilisationsschränken mit zwangsläufiger Luftumwälzung durch einen Ventilator ist die reine Sterilisationszeit kürzer als bei Schränken ohne eine solche Einrichtung. Auf jeden Fall sollte ein Schrank nie überbelegt werden, da sonst eine ausreichende Luftzirkulation nicht möglich ist. Eine sichere Sterilisation wird durch eine Sterilisationszeit von 2 h bei 180°C gewährleistet. Auch hier muß eine Steigzeit und Ausgleichszeit berücksichtigt werden.

Sterilisation durch Ausglühen oder Abflammen

Impfösen und -nadeln lassen sich sicher und einfach durch Ausglühen sterilisieren. Dazu wird die Öse oder Nadel mit Hilfe eines Bunsenbrenners bis zum Aufglühen in die Flamme gehalten. Soll mit der Öse ein Ausstrich gemacht werden, ist sie zuvor auf dem Nährboden abzukühlen, um eine Schädigung bei der Aufnahme einer Bakterienkolonie zu vermeiden.

Dosierlöffel, Scheren, Dosenöffner, Pinzetten, Skalpelle usw. werden nach gründlicher mechanischer Reinigung durch Eintauchen in Alkohol und anschließendem Abflammen des Alkoholfilms sterilisiert. Pinzetten und Skalpelle würden bei der Ausglühmethode beschädigt und bald unbrauchbar.

Sterilisation durch Filtration

Nach den thermischen Sterilisationsverfahren soll noch die mechanische Sterilfiltration erwähnt werden. Das Prinzip des Verfahrens besteht darin, daß eine Flüssigkeit mittels Druck durch ein Filter aus Cellulosederivaten gedrückt wird (s. auch Kapitel über Membranfiltration, S. 44). Die gefilterte Flüssigkeit ist steril; die Keime verbleiben auf der Filteroberfläche. Der Porendurchmesser des Membranfilters sollte maximal 0,2 µm betragen.

Das Sterilfiltrations-Verfahren eignet sich besonders gut für Nährmedien, Verdünnungsflüssigkeiten und Nährbodenzusätze, die durch thermische Behandlungen geschädigt würden.

Untersuchungsgang

Die Probenahme

Von dem zu untersuchenden Lebensmittel entnimmt man unter sterilen Bedingungen eine oder bei größeren Lebensmittelmengen mehrere Proben von verschiedenen Stellen und überführt sie in ein steriles Glasgefäß. Konservendosen oder andere Verpackungsmaterialien müssen ebenso wie Dosenöffner, Schere, Entnahmespatel, Skalpell oder Pinzette in Alkohol getaucht bzw. mit einem alkoholgetränktem Wattebausch angefeuchtet und abgeflammt werden. Dadurch wird eine ausreichende Sterilität des mikrobiologischen "Handwerkzeugs" gewährleistet.

Die zu untersuchende Probemenge sollte 200 g, mindestens jedoch 50 g betragen. Bei zu geringer Probenmenge ist die Aussagekraft über den mikrobiologischen Zustand nicht verläßlich genug. Zudem kann eine Keimverteilung im Lebensmittel sehr unterschiedlich sein. Um einer etwaigen unterschiedlichen Keimverteilung entgegenzuwirken, wird die gesamte Probemenge gemischt oder geschüttelt. Großstückige Proben müssen mit einem sterilen Skalpell oder mit einer sterilen Schere zerkleinert werden.

Verdünnung der Lebensmittelprobe

Von der vorbereiteten Probe entnimmt man eine Teilmenge und verdünnt diese mit einer sterilen Verdünnungsflüssigkeit. Als Verdünnungsflüssigkeiten kommen in Frage:

- 1/4 starke Ringerlösung

Natriumchlorid	9,00 g
Kaliumchlorid	0,42 g
Natriumhydrogencarbonat	0,24 g
dest. Wasser	1000,00 ml

1 Teil dieser Lösung wird mit 3 Teilen dest. Wasser verdünnt.

- Trypton-Kochsalz-Lösung

Casein-Pepton (Trypton)	10,00 g
Natriumchlorid	5,00 g
dest. Wasser	1000,00 ml

- Pepton-Kochsalz-Lösung

Pepton	10,00 g
Natriumchlorid	8,50 g
dest. Wasser	1000,00 ml

Für die richtige Wahl der Verdünnungsflüssigkeit muß individuell entschieden werden, maßgeblich ist das zu untersuchende Lebensmittel.

Die entnommene Probeteilmenge und die zugegebene Verdünnungsflüssigkeit müssen in einem genauen Verhältnis zueinander stehen. Nach der Verdünnung schließt sich die Homogenisation an. Durch eine gründliche Homogenisation wird die Keimverteilung weiter gefördert und zusammenhängende Zellverbände werden in Einzelzellen getrennt. Dieses ist entscheidend für das Ergebnis der späteren Keimzählung. Es ist jedoch darauf zu achten, daß keine Keime durch die Bearbeitung geschädigt werden.

Verhältnis der Probemenge zur Verdünnungsflüssigkeit

Verwendet man einen elektrischen Schneidmischer (Homogenisiergerät mit Homogenisieraufsatz, z.B. Waring-Blender) von 1 l Fassungsvermögen, so können Probemengen bis zu 100 g verarbeitet werden. Mischung und Homogenisation können in einem Arbeitsgang erfolgen.

Die Lebensmittelprobe wird in den sterilisierten Homogenisieraufsatz eingewogen; hinzu gibt man die 9fache Menge Verdünnungsflüssigkeit (das entspricht der Verdünnung 1:10). Um eine größere Probemenge verarbeiten zu können, wird ein Teil Probemenge mit 4 Teilen Verdünnungsflüssigkeit angesetzt (Verdünnung 1:5).

Die Mischung wird 40 - 60 s bei einer hohen Tourenzahl homogenisiert. Je nach Art, Beschaffenheit und Konsistenz des Lebensmittels muß der Homogenisierungsvorgang mehrmals wiederholt werden. Durch die hohen Tourenzahlen kann die Mischung warm werden und eine Schädigung der Keime kann die Folge sein. Um dieses zu vermeiden, muß zwischen den einzelnen Homogenisierabschnitten jeweils eine Pause von etwa 20 - 30 s eingelegt werden.

Lebensmittel, welche eine faserige Struktur aufweisen, lassen sich nach der Homogenisation nur sehr schwer pipettieren. In solchen Fällen bewähren sich Pipetten mit abgeschnittenen Spitzen. Diese Spezialpipetten sind über den Fachhandel erhältlich.

Wird ein elektrischer Homogenisierstab (z.B. Ultra-Turrax) verwendet, so können Lebensmittelproben von 30 - 50 g verarbeitet werden.

Die Lebensmittelprobe wird in ein steriles Becherglas oder einen sterilen Erlenmeyerkolben eingewogen; hinzu gibt man die 4fache Menge Verdünnungsflüssigkeit (Verdünnung 1:5). Mit dem sterilisierten Homogenisierstab wird die Mischung 45 - 60 s bei hoher Tourenzahl homogenisiert. Auch bei diesem Verfahren ist darauf zu achten, daß die Flüssigkeit nicht unnötig erwärmt wird. Unterbrechungen sind auch hier zu empfehlen.

Als dritte Homogenisiermethode soll das Gerät "Stomacher" erwähnt werden. Dabei wird die in einem Plastikbeutel abgefüllte Lebensmittelprobe zusammen mit der Verdünnungsflüssigkeit durch gegenläufige hin- und herbewegte Metallplatten alternierend zusammengequetscht bzw. entlastet und dadurch mazeriert. Eine Erwärmung der Mischung erfolgt bei dieser Methode nicht.

Oftmals wird in der älteren Literatur auf Homogenisierhilfen, wie steriler Seesand oder Glasperlen, hingewiesen. Das Lebensmittel wird mit diesen Homogenisierhilfen im Mörser zerrieben, bzw. mit Glasperlen im Kolben innigst verteilt. Selbstverständlich ist dabei zu beachten, daß Mörser und Pistill bzw. Kolben steril sind. Auch diese Art der Homogenisation hat sich bewährt. Reihenuntersuchungen haben das bewiesen. Für Fleisch und Fleischerzeugnisse sollte die Mörsermethode dagegen nicht angewandt werden, da eine Zerkleinerung bei sehnenreichen Proben nicht gewährleistet ist (BARRAUD et al. 1967).

Verdünnungsreihe

Verdünnungsreihen müssen angelegt werden, um bei der späteren Kultivierung in jedem Fall auswertbare Koloniezahlen zu erhalten. In der Praxis ist die dezimale Verdünnung am gebräuchlichsten.

Verdünnungsreihe in Reagenzgläsern

Falls die Probe zum Homogenisieren im Verhältnis 1:5 verdünnt wurde, bringt man mit einer sterilen Pipette 5 ml des Homogenisats in ein Reagenzglas mit 5 ml Verdünnungsflüssigkeit. Daraus ergibt sich die erste Verdünnungsstufe 10^{-1}. Wurde die Lebensmittelprobe 1:10 verdünnt, entfällt dieser Arbeitsgang.

Zur Herstellung der Verdünnungsstufe 10^{-2} wird aus der Verdünnungsstufe 10^{-1} 1 ml entnommen und zu 9 ml steriler Verdünnungsflüssigkeit gegeben und dann sorgfältig vermischt. Die Herstellung weiterer Verdünnungsstufen erfolgt entsprechend (Abb. 7). Die Anzahl der Verdünnungsstufen richtet sich nach der zu erwartenden Keimzahl im Lebensmittel. Jede Verdünnung muß sorgfältig geschüttelt werden, bevor für die nächste Stufe 1 ml abgenommen wird. Dazu wird das Reagenzglas mit einem Aluminium- oder Wattestopfen verschlossen. Das Mischen erfolgt mit Hilfe eines Reagenzglasschüttlers, mit der Hand oder durch mehrmaliges Aufsaugen und Auslaufenlassen der Flüssigkeit mit einer sterilen Pipette.

Die verwendeten Pipetten werden gleichzeitig zur Mengenabmessung des Substrates für die Nährböden mit der jeweiligen Verdünnungsstufe benutzt.

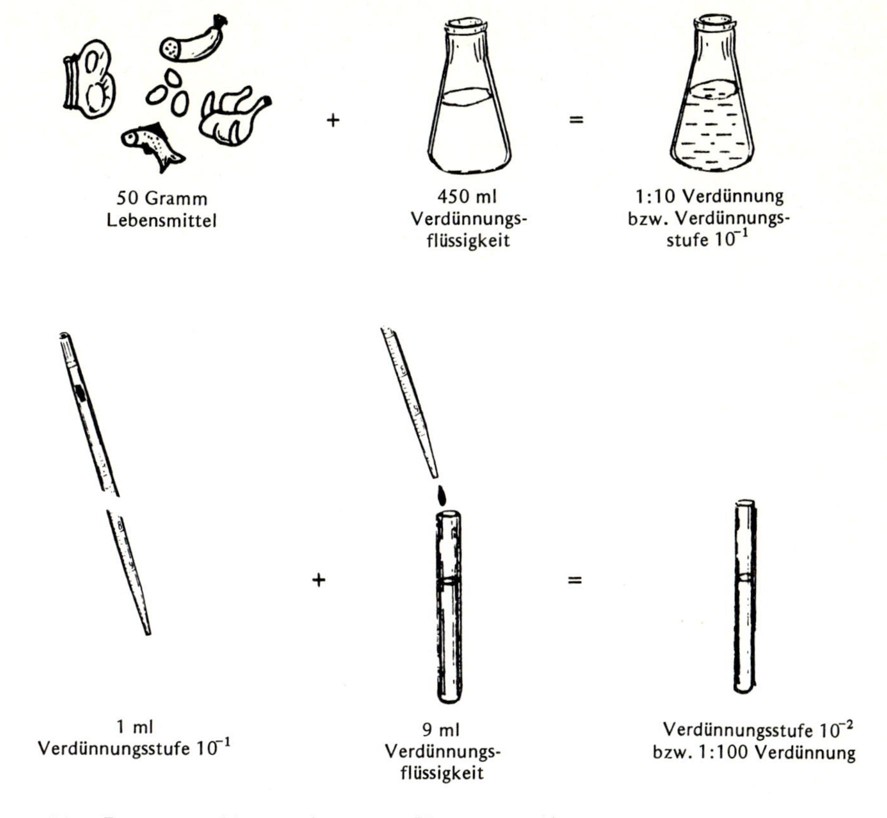

Abb. 7. Herstellung einer Verdünnungsreihe

Verdünnungsreihe in Flaschen

Anstelle von Reagenzgläsern kann eine Verdünnungsreihe auch in Flaschen, vorzugsweise Babyflaschen mit Graduierung, angelegt werden. Hier kann mit der 10fachen Menge gearbeitet werden. In einer Flasche mit 90 ml steriler Verdünnungsflüssigkeit überträgt man jeweils 10 ml einer Verdünnungsstufe und mischt durch kräftiges Schütteln.

Es können jedoch auch Verdünnungsstufen im Verhältnis 1:99 ml angesetzt werden.

Kultivierungsverfahren

Aus den zuvor hergestellten Verdünnungsstufen werden genau abgemessene Flüssigkeitsmengen zur Kultivierung der Keime in oder auf Nährböden übertragen. Je nach Art der zu bestimmenden Keime wird der Nährboden ausgewählt.

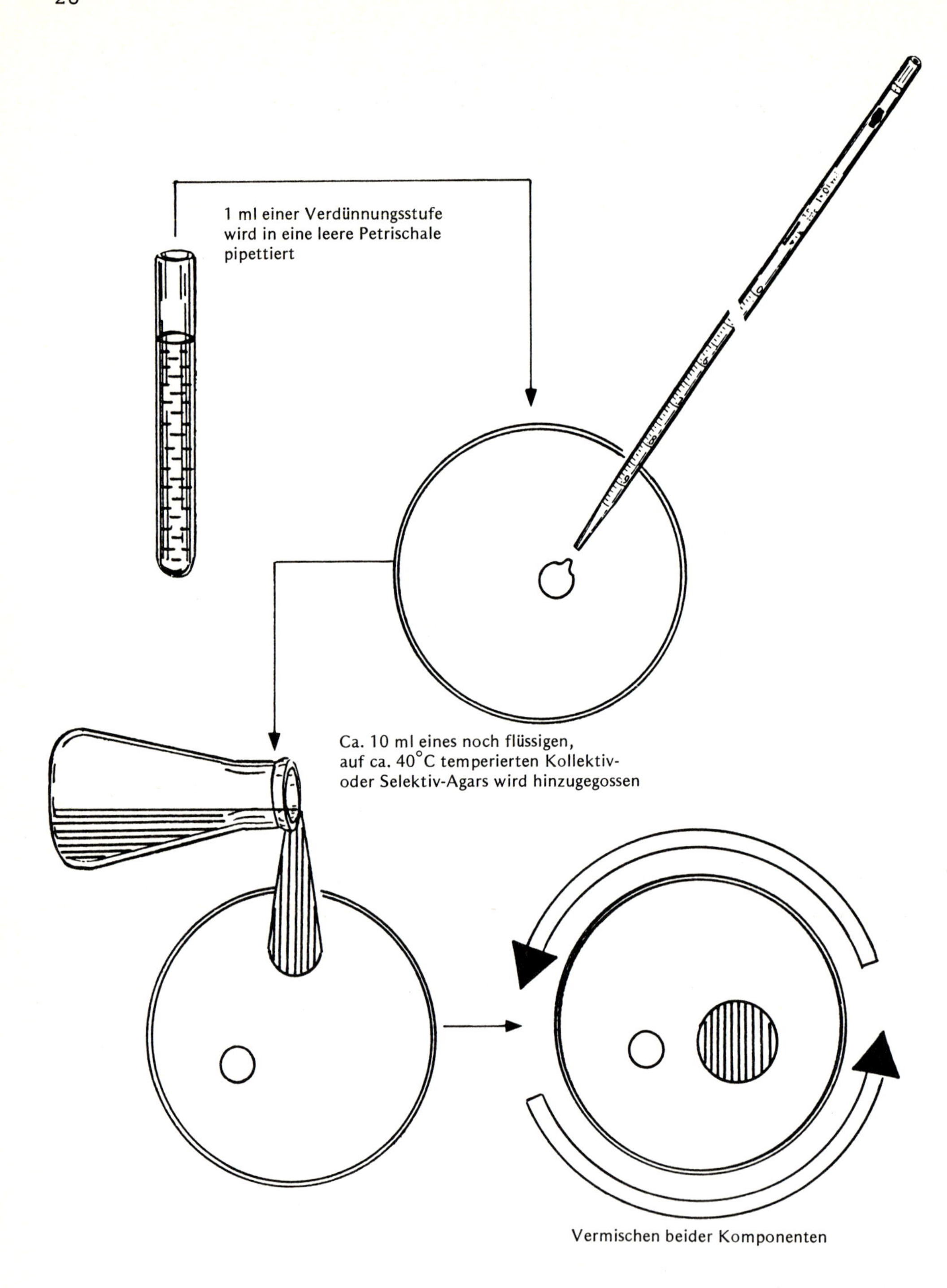

Abb. 8. Darstellung der Durchführung des Plattengußverfahrens

Standard-I-Agar oder Plate-Count-Agar eignen sich gut für die Gesamtkeimzahlbestimmung. Diese Nährböden bezeichnet man Kollektivnährböden. Es muß jedoch berücksichtigt werden, daß sich nicht alle Keime auf einem Nährboden und bei einer konstant eingehaltenen Bebrütungstemperatur vermehren.

Für die Kultivierung mit anschließender Keimzählung gibt es drei verschiedene Techniken, das Plattenguß-, Oberflächenspatel- und Plattentropf-Verfahren (drop-plating).

Plattengußverfahren (Nach KOCH) (Abb. 8)

Dieses Verfahren gehört zu den zuverlässigsten Keimzählmethoden. Bei exakter Durchführung erreicht man eine große Genauigkeit. Bei 1 ml Impfmenge ist der Pipettierfehler gering. Bei vielen lebensmittelmikrobiologischen Untersuchungen ist dieses Verfahren sogar zwingend vorgeschrieben. Die untere Nachweisgrenze liegt bei weniger als 100 Keimen pro Gramm Lebensmittel.

Durchführung. 1 ml einer Verdünnungsstufe wird mit Hilfe einer Pipette in eine Petrischale überführt. Dazu gibt man etwa 10 - 12 ml verflüssigten und auf ca. 40°C temperierten Nähragar. Diese beiden Substrate werden durch kreisende (in Form einer Acht) Bewegung verteilt.

Anschließend bleibt die verschlossene Petrischale bis zum Erstarren des Nährbodens etwa 20 min stehen. Um zu verhindern, daß Kondenswassertropfen auf die Nährbodenfläche auftropfen, werden die Petrischalen mit dem Deckel nach unten bebrütet.

Der Vorteil dieses Verfahrens besteht darin, daß mögliche Störungen durch bewegliche, den Nährboden überwachsende Keime, wenn auch nicht völlig ausgeschlossen, so jedoch unterdrückt werden, da die Mikroorganismen im Nährboden suspendiert sind. Wird bei einer Untersuchung mit Schwärmbakterien gerechnet, so besteht die Möglichkeit, über den erstarrten Nährboden noch eine weitere dünne Nährbodenschicht (Overlayer) aufzubringen.

Der große Arbeitsaufwand und eine große Anzahl zu füllender Petrischalen sind als Nachteile anzusehen. Auch die genaue Temperatureinhaltungen des noch flüssigen Nährbodens muß beachtet werden, ist die Temperatur zu niedrig, besteht die Gefahr eines Erstarrens schon während des Gießens. Bei zu hoher Gießtemperatur können die Keime geschädigt werden.

Oberflächen-Spatelverfahren (Abb. 9)

Der Arbeitsaufwand bei diesem Verfahren ist etwas geringer als beim Plattengußverfahren. Die Petrischalen sind fertig gegossen, die Gefahr einer Hitzschädigung der Keime ist somit nicht gegeben. Weitere Vorteile liegen darin, daß Kolonien zu weiteren Diagnostizierungsreaktionen direkt auf der Platte zugänglich sind.

Nachteilig ist die untere Nachweisgrenze der Keime. Sie liegt bei etwa 500 - 1000 Keime pro Gramm Lebensmittel. Sichere Auswertungen

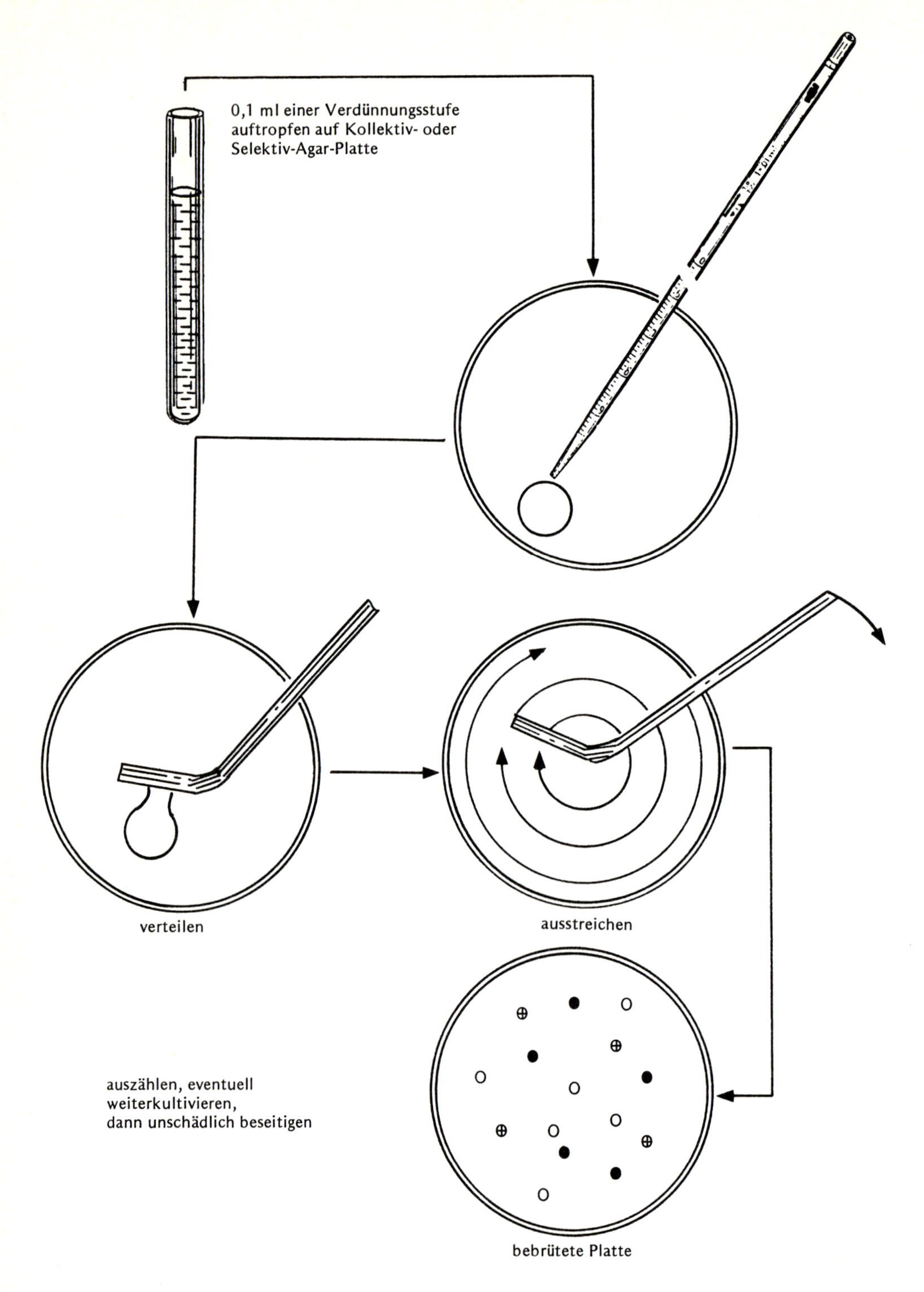

Abb. 9. Darstellung der Durchführung des Oberflächen-Spatelverfahrens

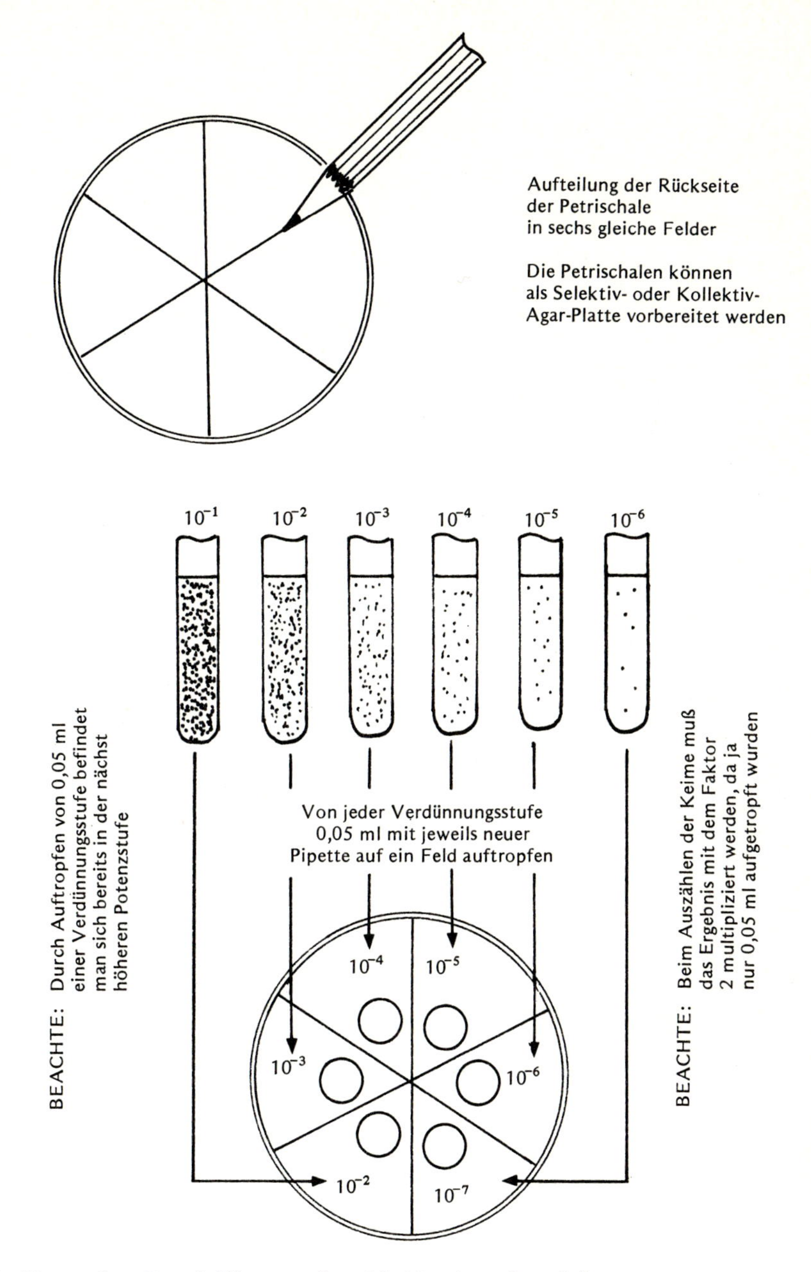

Abb. 10. Darstellung der Durchführung des Plattentropfverfahrens

sind erst bei Keimgehalten von 1000 - 3000 Keimen pro Gramm Lebensmittel möglich.

Durchführung. 0,1 ml einer Verdünnungsstufe wird auf die vorbereitete, gut getrocknete Nährbodenplatte mit Hilfe einer Pipette aufgegeben. Danach wird der Tropfen mit einem sterilen Drigalski-

Spatel oder gebogenem Glasstab gleichmäßig auf dem Nährboden ausgestrichen.

Nach dem Verteilen wird die Petrischale mit dem Deckel verschlossen. Man läßt die Platte stehen, bis der Ausstrich angetrocknet ist, dann wird die Petrischale mit dem Deckel nach unten bebrütet.

Plattentropfverfahren (Abb. 10)

Dieses Verfahren ist durch wesentliche Einsparungen an Arbeit und Material gekennzeichnet. Für die Übersichtsuntersuchungen ist das Plattentropfverfahren bestens geeignet.

Nachteilig wirkt sich die untere Nachweisgrenze aus. Sie liegt bei diesem Verfahren bei etwa 2000 Keime pro Gramm Lebensmittel. Durch ungenaues Pipettieren können leicht Fehler auftreten. Bei gut eingearbeiteten Laboranten ist jedoch die Fehlergrenze nicht höher als beim Spatelverfahren.

Durchführung. Gut vorgetrocknete Nährbodenplatten werden auf der Unterseite mit einem Filzstift in 6 gleichgroße Felder eingeteilt. Diese Felder werden mit den Verdünnungsstufen der aufzupipettierenden Flüssigkeit beschriftet.

Entsprechend der Kennzeichnnung tropft man aus den einzelnen Verdünnungsstufen jeweils 0,05 ml auf ein Feld. Es muß darauf geachtet werden, daß aus dem Verdünnungsreagenzglas mit der Verdünnungsstufe z.B. 10^{-1} auf das Feld 10^{-2}, aus der Verdünnungsstufe 10^{-2} auf das Feld 10^{-3} und so fortlaufend, aufgetropft wird. Durch die 0,05 ml befindet man sich jeweils in der nächst höheren dezimalen Verdünnungsstufe.

Da die Tropfen sehr dicht liegen und dadurch sehr leicht ineinander verlaufen können, ist eine Verdünnungsflüssigkeit mit 0,075% Agarzusatz zu verwenden.

Die Platten bleiben stehen, bis alle Tropfen gut angetrocknet sind. Dann wird, wie bei den beiden zuvor beschriebenen Verfahren, mit dem Deckel nach unten bebrütet.

Auswertung der bebrüteten Agarplatten

Nach der Bebrütung, in der Regel nach 2 - 4 Tagen bei konstanter Temperatur, werden die Nährbodenplatten dem Brutschrank entnommen. Die Kolonien, die sich gebildet haben, werden ausgezählt. Um gesicherte Werte zu erhalten, sollten pro Verdünnungsstufe 2 Parallelansätze gemacht werden.

Abb. 11. Verdünnungsschema von Plattenguß-, Oberflächenspatel- und Plattentropf-Verfahren ▶

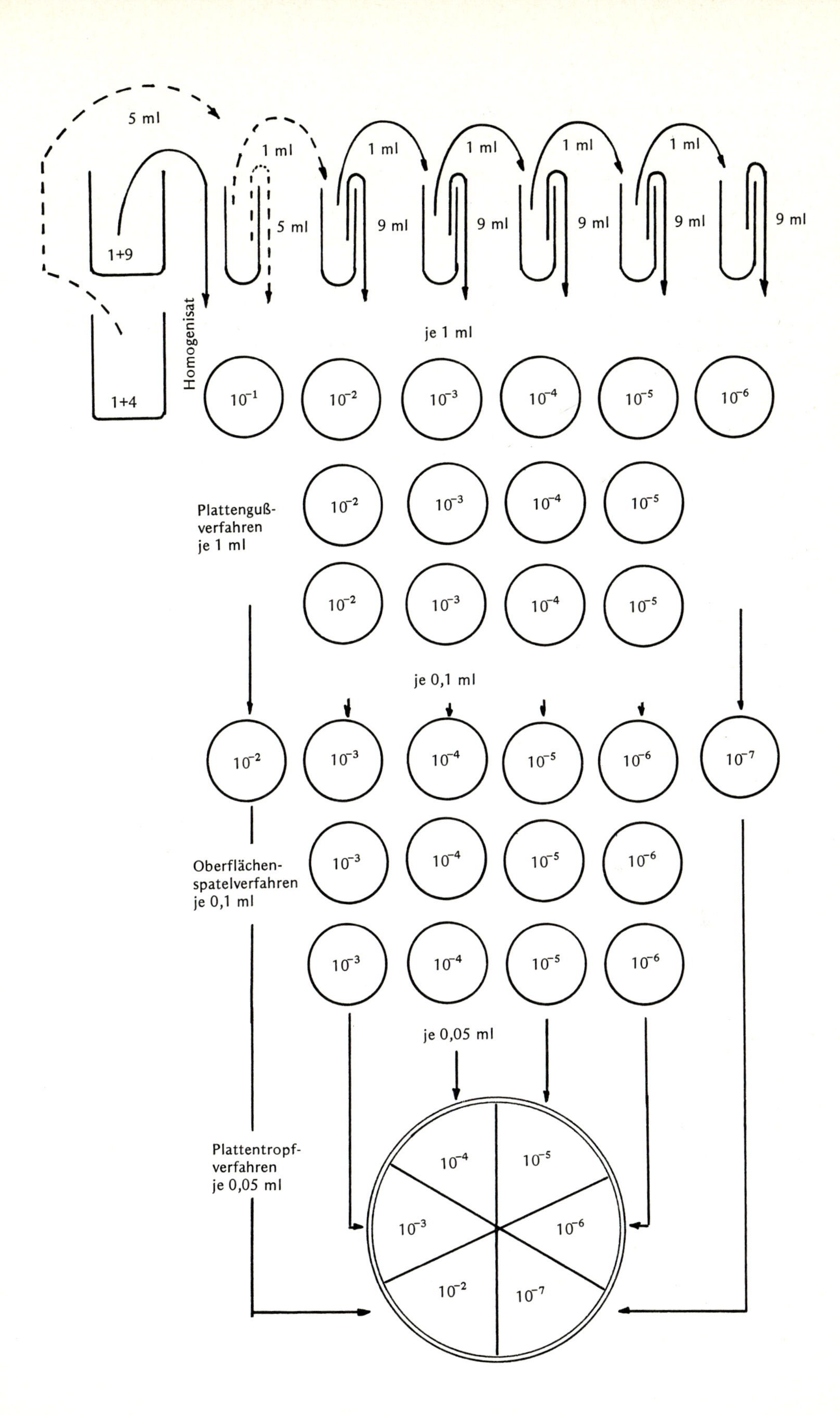

5 ml
1 ml
1 ml
1 ml
1 ml
1 ml
1+9
5 ml
9 ml
9 ml
9 ml
9 ml
9 ml
Homogenisat
1+4
je 1 ml
10^{-1}
10^{-2}
10^{-3}
10^{-4}
10^{-5}
10^{-6}
Plattenguß-verfahren je 1 ml
10^{-2}
10^{-3}
10^{-4}
10^{-5}
10^{-2}
10^{-3}
10^{-4}
10^{-5}
je 0,1 ml
10^{-2}
10^{-3}
10^{-4}
10^{-5}
10^{-6}
10^{-7}
Oberflächen-spatelverfahren je 0,1 ml
10^{-3}
10^{-4}
10^{-5}
10^{-6}
10^{-3}
10^{-4}
10^{-5}
10^{-6}
je 0,05 ml
Plattentropf-verfahren je 0,05 ml
10^{-4}
10^{-5}
10^{-3}
10^{-6}
10^{-2}
10^{-7}

Bei einem Plattenguß- und Oberflächenspatel-Verfahren werden nur Platten mit Koloniezahlen zwischen 20 und 300 ausgezählt. Bei Koloniezahlen über 300 ist mit einer Beeinflussung der Keime untereinander zu rechnen. Koloniezahlen unter 20 sind statistisch nicht mehr gesichert.

Beim Plattentropf-Verfahren werden dagegen nur Koloniezahlen zwischen 5 und 50 ausgewertet. Vergleicht man das Plattentropf-Verfahren mit den beiden zuvor beschriebenen Verfahren, so wird deutlich, daß die sehr viel kleinere Nährbodenfläche pro Verdünnungsstufe schon bei 50 Kolonien zu einer Konkurrenz der Keime untereinander führen kann. Koloniezahlen unter 5 sind auch hier nicht mehr statistisch gesichert (Abb. 11).

Die tatsächliche Koloniezahl beim Plattentropf-Verfahren erhält man, wenn die ausgezählte Zahl mit dem Faktor 2 multipliziert wird.

Keimzahlberechnung

Die Koloniezahlen der Parallelansätze sollten untereinander nicht mehr als 10 bis maximal 20 % differieren.

Die Keimzahl wird berechnet, indem die Koloniezahl einer bebrüteten Agarnährbodenplatte mit dem entsprechenden Verdünnungsfaktor multipliziert wird.

1. Beispiel

Es wurden 38 Kolonien bei der Verdünnungsstufe 10^{-4} ausgezählt.

$$38 \cdot 10^{4} \hat{=} 3{,}8 \cdot 10^{5} \text{ Keime/g Lebensmittel}$$

Da die Verdünnungsstufen um 10er Potenzen abnehmen, kann man bei exaktem Arbeiten und im idealen Falle auch davon ausgehen, daß die Koloniezahl sich um eine Dezimalstelle verschiebt. Dann besteht die Möglichkeit, das arithmetische Mittel aus den Werten zweier Verdünnungsstufen zu bilden.

2. Beispiel

Es wurden aus der Verdünnungsstufe 10^{-3} 260, 280 und 300 Kolonien ausgezählt.

Der Mittelwert lautet also 280.

Bei der Verdünnungsstufe 10^{-4} wurden 21, 24 und 27 Kolonien ausgezählt.

Der Mittelwert beträgt hier 24.

Der Mittelwert $24 \cdot 10^{-4}$ entspricht dem Wert $240 \cdot 10^{-3}$ mit dem nun weitergerechnet werden kann.

$$\bar{x} = \frac{280 + 240}{2} \cdot 10^3 = 260 \cdot 10^3 \mathrel{\hat{=}} \underline{\underline{260.000 \text{ Keime/g}}}$$

Da erfahrungsgemäß die Koloniezahl zweier aufeinanderfolgender Verdünnungsstufen häufig von dem Verhältnis 1:10 abweichen, verwendet man, um einen höheren statistisch gesicherten Wert zu erhalten, folgende Formel:

$$\frac{(x\,1 + x\,2) \cdot 10}{11} \cdot \text{Verdünnungsstufe}$$

3. Beispiel

Bei der Verdünnungsstufe 10^{-3} wurden 260, 280 und 300 Kolonien ausgezählt.

Der Mittelwert lautet 280.

Die Verdünnungsstufe 10^{-4} ergab 51, 44 und 40 Kolonien.

Der Mittelwert lautet hier 45.

$$\bar{x} = \frac{(280 + 45) \cdot 10}{11} \cdot 10^3$$

$$295 \cdot 10^3$$

$$\mathrel{\hat{=}} \underline{\underline{295.000 \text{ Keime/g}}}$$

Die zuvor genannten Rechenbeispiele beziehen sich auf das Plattenguß-Verfahren.

Beim Oberflächen-Spatelverfahren ist zu berücksichtigen, daß wie beschrieben nur 0,1 ml in die Untersuchung eingebracht werden. Die angegebenen Werte wären demnach mit dem Faktor 10 zu multiplizieren.

Kultivierungsverfahren

Die Kultivierung von Mikroorganismen erfolgt auf Nährböden oder in Nährsubstraten. Beimpfte Nährmedien werden anschließend bei konstanten Temperaturen in Brutschränken bebrütet. Je nach Art der zu untersuchenden Mikroorganismen erfolgt die Bebrütung unter aeroben oder anaeroben Bedingungen.

Ein optimales Wachstum und gute Vermehrung der Mikroben erfordert optimale Voraussetzungen. So muß das richtige Nährmedium als auch die optimale Bebrütungszeit und -temperatur für die jeweiligen Keime gewählt werden.

Isolierung und Reinkultivierung von Mikroorganismen

Mikroorganismen müssen, um ihre Eigenschaften und charakteristischen Merkmale beurteilen zu können, in Reinkulturen vorliegen. Reinkulturen erhält man durch Isolierungs- und Reinkultivierungsmethoden (s. Abb. 14). Sie beruhen auf der räumlichen Trennung der Keime einer unbekannten Mischkultur. Es ist anzustreben, eine Reinkultur zu erhalten, welche aus einer einzigen Zelle hervorgegangen ist.

Ausstrich-Methoden

Beim Beimpfen von festen Nährböden bedient man sich einer Impföse. Die Impföse wirde zunächst ausgeglüht. Mit der nun sterilen Öse wird eine kleine Menge Kulturflüssigkeit abgenommen und auf der Agarplatte werden mehrere Impfstriche ausgeführt. Die Impfstrichführung wird in den Abbildungen 12 und 13 verdeutlicht.

Zunächst wird ein kurzer Strich am Petrischalenrand ausgeführt (1), die ausgeglühte Öse wird durch 1 gezogen und dadurch Strich 2 gebildet. Nach erneutem Ausglühen wird der Strich 3 gezogen.

Bei keimarmen Material kann man nun, nach einer ausreichenden Bebrütung, mit Einzelkolonien rechnen (Abb. 14, S. 38). Bei keimreichen Material empfiehlt sich ein 4. Ausstrich.

Übertragungsmethoden von Mikroorganismen

Zu Untersuchungs- und Diagnostizierungszwecken, zur weiteren Kultivierung usw. werden die in Reinkultur vorliegenden Organismen

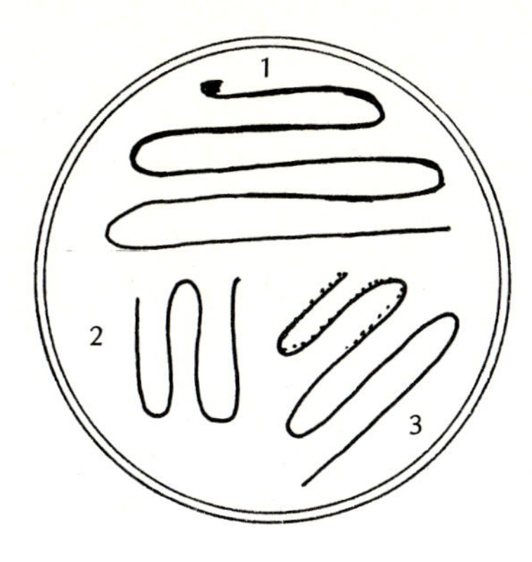

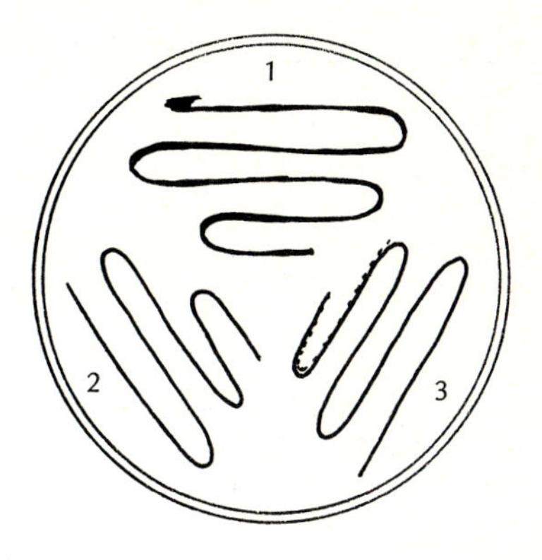

Abb. 12. Ausstricharten aus einer Flüssigkultur oder von relativ keimarmen Material

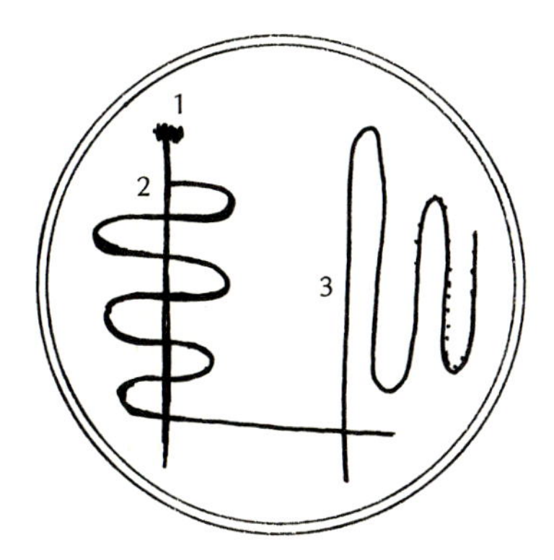

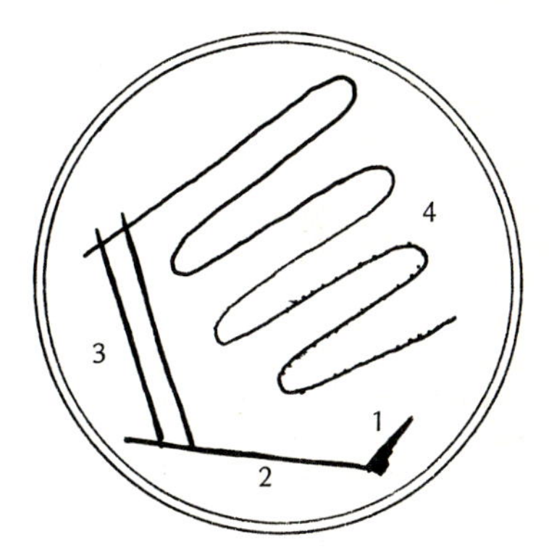

Abb. 13. Ausstricharten von einer aufgenommenen Kolonie oder von stark keimhaltigen Material

auf bzw. in Nährsubstrate oder Reaktionsmedien geimpft. Übertragungen von Mikroorganismen von Substrat zu Substrat oder Substrat auf Nährböden sind die grundlegendsten mikrobiologischen Arbeiten.

Abimpf-Verfahren

Für die Übertragung von Keimen aus einer Flüssigkeitskultur bedient man sich einer Impföse. Für die Übertragung größerer oder genau definierter Flüssigkeitsmengen wird eine Pipette verwendet.

Zur Keimabnahme von einem festen Medium, also aus einer Mikroorganismenkolonie, verwendet man entweder die Impföse oder Impfnadel. Beim Abimpfen aus Kolonien wird zwangsläufig eine große Anzahl von Zellen übertragen, auch dann, wenn die abgenommene Materialmenge makroskopisch kaum sichtbar ist. Daher ist in den Fällen, in denen es darauf ankommt, die zu überimpfende Zellen-

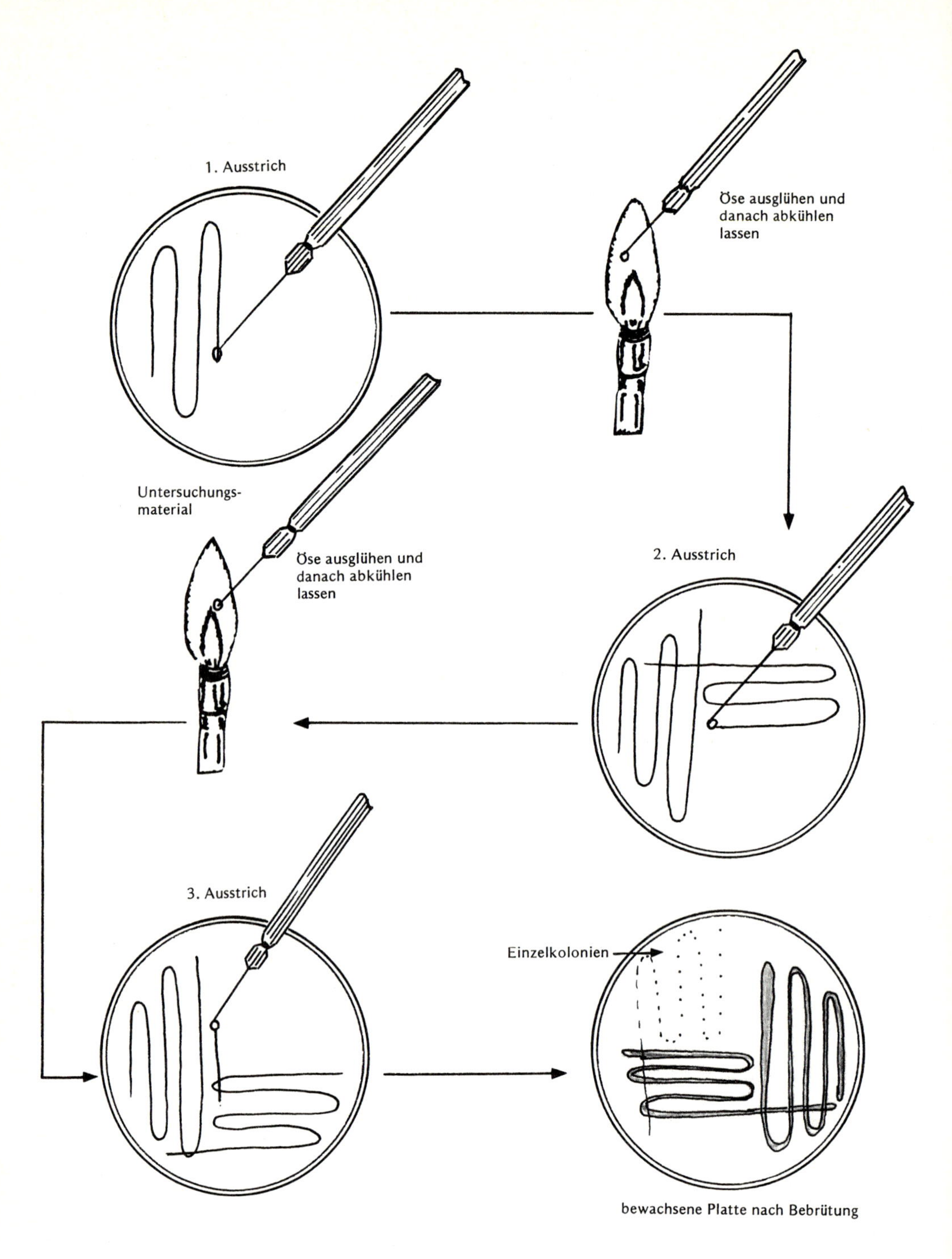

Abb. 14. Darstellung des Arbeitsganges zur Gewinnung einer Einzelkolonie

zahl möglichst niedrig zu halten, der Impfnadel den Vorzug zu geben.

Zur Anlage von Stichkulturen wird immer die Impfnadel benutzt, unabhängig davon, ob die Mikroorganismen aus einer Flüssigkeitskultur oder von einer Kolonie eines festen Nährbodens abgeimpft werden.

Beimpfungs-Verfahren

Die Beimpfung kann in eine Flüssigkeit und/oder in bzw. auf feste Medien erfolgen.

Bei der Beimpfung einer Flüssigkeit mit Öse, Nadel oder Pipette ist in jedem Fall für eine sorgfältige Verteilung der Keime im Medium zu sorgen.

Das Anwendungsgebiet für flüssige Nährmedien ist sehr vielseitig. So bedient man sich ihrer für Anreicherungskulturen, Untersuchungs- und Diagnostizierungsreaktionen und Keimzählverfahren (s. Kapitel Titer und MPN, S. 50).

Agarnährböden kommen im wesentlichen als Platten, Schrägschichtröhrchen oder Hochschichtröhrchen zur Anwendung.

Die Beimpfung von Platten durch Ausstrich wurde bereits beschrieben. Das Anwendungsgebiet für Platten umfaßt die Herstellung von Reinkulturen, Keimzahlbestimmungen und Untersuchungs- und Diagnostizierungsverfahren.

Die Anwendung von Schrägschichtröhrchen umfaßt die Gebiete der Untersuchungs- und Diagnostizierungsreaktionen und Kulturerhaltung aerober Mikroorganismen. Schrägschichtröhrchen werden beimpft, indem man mit der Öse oder Nadel einen geraden oder gewellten Impfstrich auf der Agaroberfläche anlegt.

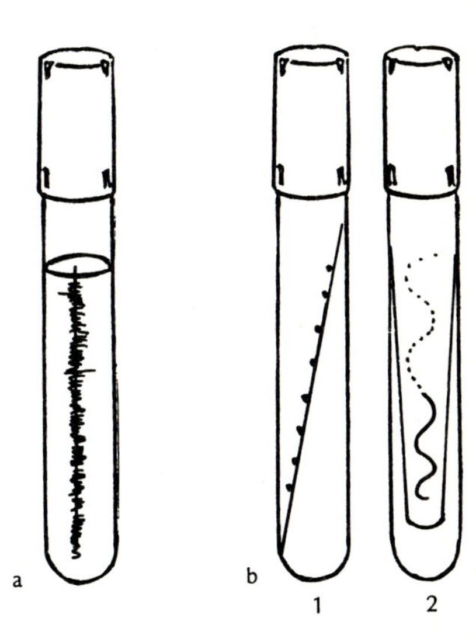

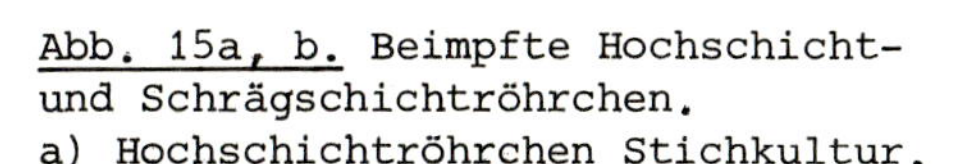

Abb. 15a, b. Beimpfte Hochschicht- und Schrägschichtröhrchen.
a) Hochschichtröhrchen Stichkultur.
b) Schrägschichtröhrchen.
1 Seitenansicht; *2* Frontansicht

Hochschichtröhrchen werden ausschließlich zur Anlage von Stichkulturen benutzt. Dabei bringt man Keime durch einen senkrechten Stich mit Hilfe der Impfnadel in den Agarnährboden. Die Anwendung von Hochschichtröhrchen dient hauptsächlich für den Nachweis der Beweglichkeit von Keimen, Untersuchungen für Diagnosezwecke, aber auch der Kulturerhalten von mikroaerophilen und anaeroben Mikroben (Abb. 15, S. 39).

Aufbewahrung von Mikroorganismen

Zur Kulturerhaltung impft man Mikroorganismen auf bzw. in ein ihren Nährstoffbedürfnissen entsprechendes Substrat. Die Kulturen werden bis zum Erscheinen makroskopisch sichtbaren Wachstums bebrütet und anschließend im Kühlschrank aufbewahrt. Durch die Kühllagerung sollen weitere Entwicklung und Stoffwechseltätigkeiten möglichst gering gehalten werden, damit bei der Aufbewahrung keine Schädigung der Keime durch zu starke Ansammlung von Stoffwechselprodukten eintritt.

Aerobe Mikroorganismen werden allgemein auf Schrägagar kultiviert; von mikroaerophilen und obligat anaeroben Keimen sind Stichkulturen anzulegen.

Sollen die Kulturen über sehr lange Zeit gehalten werden, so ist die Lyophilisation die Methode der Wahl. Dabei wird die Bakteriensuspension in einem Kältebad (Trockeneis-Aceton-Gemisch) gefroren und das Eis anschließend durch ein angelegtes Vakuum sublimiert. Solche gefriergetrockneten Kulturen lassen sich bei Gebrauch wieder gut lösen.

Anaerobierkultur

Die Kultivierung anaerob wachsender Mikroorganismen findet immer unter Ausschluß von Luftsauerstoff statt; dabei unterscheidet man zwischen fakultativ und obligat anaeroben Keimen. Fakultativ anaerobe Keime wachsen auch bei Luftzutritt. Für einen großen Teil dieser Mikroorganismen ist sogar das aerobe Wachstum günstiger.

Andere, zum Beispiel Lactobazillen, lassen sich unter anaeroben Bedingungen besser kultivieren als unter aeroben. Die anaerobe Kultivierung dient bei fakultativ anaerob wachsenden Keimen im wesentlichen nur für Diagnostizierungs- und Untersuchungszwecke; obligat anaerobe Mikroorganismen – in der Lebensmittelmikrobiologie sind das die Clostridien – müssen dagegen unter Luftsauerstoffabschluß kultiviert werden, da sie sich nicht anders entwickeln können.

Der Ausschluß von Sauerstoff kann sowohl durch die Wahl geeigneter Nährböden bzw. -medien als auch durch besonderer Kultivierungsmethoden erfolgen. Geeignete Nährböden sind solche, die

Substanzen mit sauerstoffreduzierenden Eigenschaften besitzen. Dazu gehören u.a. Thyioglykolat und Cystin; aber auch Zusätze von Leber-, Herz- und Hirnstücken zum Nährmedium wirken sauerstoffzehrend.

Für die Aufbewahrung solcher anaerober Keime empfehlen sich, wie schon beschrieben, Hochschichtröhrchen mit einer Stichkultur oder aber Nährbodenplatten, die nach der Beimpfung mit einer Paraffinüberschichtung versehen werden.

Als Kultivierungsmethoden sollen der Anaerobier-Topf, der Anaerobiose-Ring und die Marinoplatte genannt werden.

Anaerobier-Topf

Ein Anaerobier-Topf ist die Bezeichnung für einen evakuierbaren Behälter. Anaerobengefäße werden aus Glas, Polycarbonat oder Metall gefertigt und sind geeignet, Petrischalen aufzunehmen und die darin enthaltenen Mikroorganismen unter einer anderen als Sauerstoffatmosphäre zu bebrüten.

Ist der Anaerobier-Topf mit zu bebrütenden Petrischalen beschickt worden, wird über einen Verschlußhahn, der sich meist im Topfdeckel befindet, der Sauerstoff mit Hilfe einer Vakuumpumpe abgesaugt. Anschließend wird mit einem geeigneten Gasgemisch wieder aufgefüllt; der Druck sollte jedoch nur 0,5 bar betragen. Als Gas empfiehlt sich gereinigter Stickstoff oder Edelgas. Zur Sicherheit kann zusätzlich eine sauerstoffzehrende Lösung mit in den Anaerobier-Topf gegeben werden. Als Lösung empfiehlt sich ein Teil einer 25%igen Pyrogalol-Lösung und zehn Teile einer 40%igen Na_2CO_3-Lösung. Beide Lösungen werden kurz vor dem Einbringen gemischt und in einem Reagenzgläschen beigestellt.

Während der Evakuierung können im Agar der Nährbodenplatten Gasbläschen auftreten, die ein Zerplatzen des Nährbodens zur Folge haben. Sollte dieses beobachtet werden, muß der Evakuierungsprozeß verlangsamt werden.

Zur Bebrütung wird das Behältnis in einen Brutschrank gestellt. Ist die Bebrütung beendet, wird das Anaerobengefäß zur Entnahme der bebrüteten Platten über ein steriles Wattefilter langsam wieder belüftet. Die erhaltenen Kolonien sind dann auszuwerten.

Anaerobier-Topf (Nach BREWER u. ALLGEIER) (Abb. 16)

Dieser, aus Polycarbonat gefertigte Anaerobier-Topf gehört zu den Geräten mit vereinfachter Handhabung. Der Vorteil besteht darin, daß es sich um ein installationsfreies, dichtschließendes System handelt, aus dem der Restsauerstoff mit Hilfe eines Einweg-Wasserstoff-CO_2-Generators entfernt wird. Dieser Generator besteht aus einem Beutel, welcher ein Gemisch aus Natriumborhydrid, Zitronensäure und Natriumhydrogencarbonat beinhaltet. Dieses Gemisch reagiert nach Zugabe von 10 ml Wasser unter Bildung von Wasserstoff und CO_2. Für die Bedienung dieses Systems

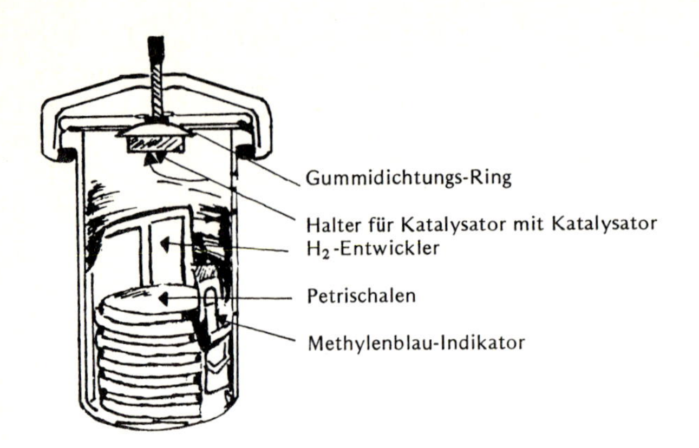

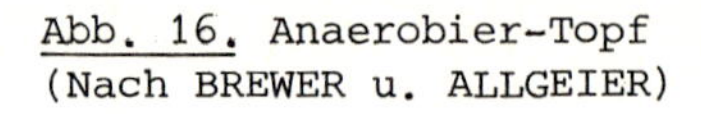
Abb. 16. Anaerobier-Topf (Nach BREWER u. ALLGEIER)

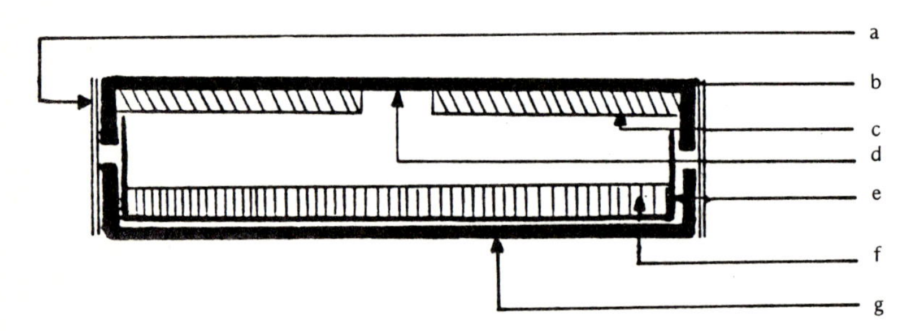

Abb. 17a-g. Anaerobiose-Ring. a) Klebeband; b) Deckel der Petrischale; c) Anaerobiose-Ring (Merck, Art.-Nr. 5473); d) Beobachtungsfenster; e) Bodenteil der Petrischale; f) Nährboden; g) Zweiter Deckel

sind also weder Vakuumpumpe, Gastanks noch Druckregulator und Manometer erforderlich.

Anwendung. Die beimpften, anschließend zu bebrütenden Petrischalen werden im Behälter zusammen mit einem Anaerob-Indikator (Metyhlenblaustreifen) und dem mit 10 ml Wasser beschickten Generator deponiert, das Gerät sofort verschlossen. Danach reagiert der im Anaerobier-Topf gebildete Wasserstoff mit dem noch vorhandenen Sauerstoff unter Bildung von Wasser. Bei den neuesten Systemen ist kein Katalysator mehr nötig.

Der Ablauf dieser Reaktion kann an der Nebel- und Kondensatbildung im Inneren des Gefäßes verfolgt werden; gleichzeitig entfärbt sich der Methylenblau-Indikatorstreifen.

Anaerobiose-Ring (Nach OTT) (Abb. 17)

Um eine anaerobe Kultivierung von Mikroorganismen mit Hilfe einer einfachen Methode zu ermöglichen, entwickelte OTT 1960 die heute nach ihm benannten Anaerobiose-Ringe. Die ursprünglich aus Bierfilzen hergestellten Ringe enthalten sauerstoffzehrende Substan-

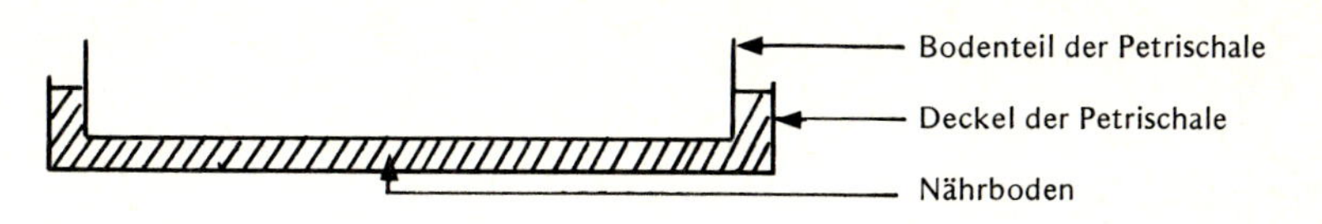

Abb. 18. Marino-Platte

zen; dadurch entsteht eine sauerstofffreie Atmosphäre in der Petrischale.

Anwendung. Nachdem die Oberfläche eines selektiven Nährbodens beimpft wurde, wird unter sterilen Bedingungen mit Hilfe einer in Alkohol getauchten und anschließend abgeflammten Pinzette der Anaerobiose-Ring so in den Petrischalendeckel gelegt, daß die Methylenblau-Marke nach außen hin sichtbar zu liegen kommt. Nach sofortigem Verschließen der Petrischale wird zur Sicherheit ein zweiter Petrischalendeckel über das Bodenteil gestülpt. Die nun aufeinander stoßenden Deckelränder werden mit einem Klebeband luftdicht verschlossen. Die als Indikator fungierende Methylenblau-Marke wird farblos, sobald die Anaerobiose eintritt. Die so präparierte Petrischale wird in üblicher Weise bebrütet.

Marino-Platte (Abb. 18)

Die Marino-Platte eignet sich ebenfalls gut zur Anzüchtung von anaeroben Mikroben. Es werden Glaspetrischalen verwendet, die in Aluminiumfolie oder Papierpackungen sterilisiert wurden.

Anwendung. Man impft in den Deckel, gießt den flüssigen, auf ca. 45°C abgekühlten Nähragar dazu und mischt mit größter Sorgfalt. Nachdem das Äußere des Bodenteils abgeflammt wurde, legt man diesen mit der Außenseite auf den noch flüssigen Nährboden.

Nach der Verfestigung erhält man eine Nährbodenschicht zwischen Deckel und Bodenteil der Petrischale.

Die Anaerobier entwickeln sich im Inneren der Schicht. Das Wachstum wird im Zentrum der Platte beobachtet, während der periphere Teil wegen des Sauerstoffs vom Wachstum frei bleibt.

Der Vorteil dieser Methode besteht darin, daß die separaten Kolonien gut makroskopisch betrachtet und nach Abheben des Bodenteils weiter auf andere Nährböden überimpft, oder aber mikroskopisch beobachtet werden können.

Membranfilterverfahren

Das Membranfiltrations-Verfahren ist ein Verfahren zur mechanischen Anreicherung von Mikroorganismen aus einer beliebigen Menge eines filtrierbaren Untersuchungsmaterials. Selbst bei minimalem Keimgehalt ermöglicht dieses Verfahren exakte Keimzahlbestimmungen.

Das Prinzip der Membranfiltration besteht darin, daß ein bestimmtes Volumen einer Flüssigkeit durch ein Membranfilter mit definierter Porenweite gesaugt wird, wobei die darin enthaltenen Keime auf der Filteroberfläche zurückgehalten werden. Das Filter wird anschließend auf einen Nährboden gebracht. Beim aufgelegten Filter diffundieren die Nährstoffe des Nährbodens in das Filter ein und ermöglichen ein Heranwachsen der Einzelkeime zu diagnostizierbaren Kolonien.

Getrocknete und präparierte Filter können zu Dokumentationszwecken aufbewahrt werden.

Es besteht aber auch die Möglichkeit, kontaminierte Filter in flüssige Nährmedien zu überführen. Eine Vermehrung von Mikroorganismen wird je nach Medium entweder durch Trübung oder, falls Indikatorfarbstoffe im Medium enthalten sind, durch Farbumschläge angezeigt.

Das Membranfiltrationsverfahren ist relativ einfach durchzuführen und vielseitig verwendbar.

Das Filtrationsgerät

Das Gerät zur Keimzahlbestimmung besteht aus einem trichterförmigen Aufsatz. Der Aufsatz ist aus Edelstahl oder Kunststoff, meist Polycarbonat, gefertigt und hat ein Fassungsvermögen zwischen 250 und 500 ml. Nach oben hin wird der Aufsatz durch einen Deckel verschlossen, um eine unerwünschte Kontamination während des Untersuchungsganges zu verhindern. Der Aufsatz wird durch einen Klemm- oder Schraubverschluß auf einen Unterteil mit Fritte, auf welche das Membranfilter gelegt wird, befestigt (Abb. 19). Das ganze Gerät wird auf eine Saugflasche, die gleichzeitig als Auffanggefäß dient, aufgesetzt und an eine Vakuumpumpe angeschlossen.

Die Sterilisation des Gerätes, sofern aus Edelstahl, erfolgt bei Serienuntersuchungen durch sorgfältiges Abflammen. Eine Sterilisation im Autoklaven ist ebenfalls möglich.

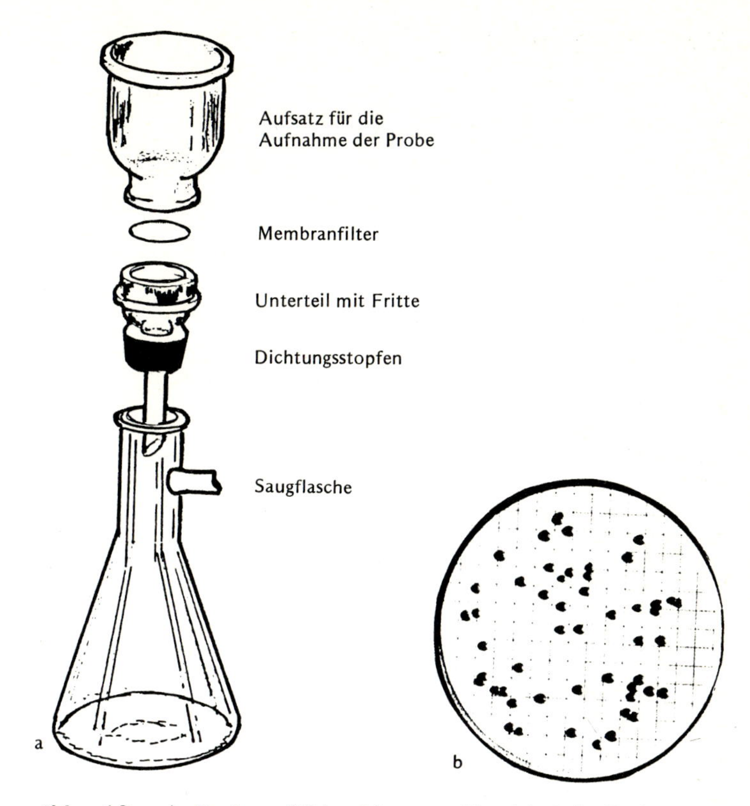

Abb. 19. a) Membranfiltrationsgerät; b) Bebrüteter Membranfilter (mit Zählgitter)

Filtermaterial

Die zur Keimabtrennung verwendeten Filter bestehen aus Cellulosenitrat, Celluloseacetat oder ähnlichen Materialien und werden mit definierten, abgestuften Porengrößen hergestellt.
Die Porengröße wird je nach Verwendungszweck, d.h. nach der Keimgröße gewählt:

Mikroorganismen	Porengröße
Hefen	0,65 µm
Schimmelpilze	0,65 µm
die meisten Bakterien	0,45 µm
z.B. Mikrokokken	0,20 µm

Die Filter können in Autoklavenpackungen im Sterilisator keimfrei gemacht werden. Filter in Packungen mit Nährkartonscheiben sind bereits steril und können sofort benutzt werden.

Es besteht auch die Möglichkeit, den Filter in ein Gerät einzulegen und dann die fertige Einheit im Autoklaven zu sterilisieren. Es hat sich bewährt, das Filtrationsgerät in Aluminiumfolie einzuwickeln und dann zu autoklavieren. Primärinfektionen werden dadurch vermieden. Falls das Gerät mit eingelegtem Filter sterilisiert wird, ist darauf zu achten, daß der Druckausgleich nach der eigentlichen Sterilisation durch allmähliche Abkühlung erfolgt, da sonst der Filter beschädigt wird.

Membranfilter-Nährböden

Die einschlägigen Nährbodenhersteller bieten Trockennährböden auf Agarbasis an, die Filtrationsgerätehersteller fertige Nährkartonscheiben (NKS).

Agarnährböden

Bei Verwendung von Agarnährböden im Rahmen der Membranfiltrations-Methode sollten diese maximal 1% Agar enthalten. Durch den geringeren Agargehalt, im Gegensatz zu herkömmlich verwendbaren Nährböden, werden günstigere Diffusionsbedingungen für die Nährstoffe geschaffen, vor allem bei Verwendung engporiger Filter (Ø 0,2 µm).

Nährkartonscheiben (NKS)

Nährkartonscheiben sind mikrobiologische Nährböden in Trockenform, die steril sind und vor dem Gebrauch mit sterilem, destilliertem Wasser angefeuchtet werden. Zum Nachweis der verschiedenen Keimgruppen stehen entsprechende Nährkartonscheiben zur Verfügung.

Vor Beginn der Filtration wird die Nährkartonscheibe mit einer abgeflammten Pinzette in eine Petrischale gelegt. In Petrischalen mit 60 mm Durchmesser wird vorher 3 ml steriles destilliertes Wasser, in Petrischalen mit 90 mm Durchmesser 3,5 ml, pipettiert.

Nach der Filtration wird der Membranfilter mit einer abgeflammten Pinzette dem Filtrationsgerät entnommen und auf die angefeuchtete Nährkartonscheibe gelegt. Durch "Abrollen" des Membranfilters beim Auflegen erreicht man vollkommenen Kontakt zwischen Membranfilter und Nährkartonscheibe und vermeidet somit den Einschluß von Luft. Nur so ist eine gleichmäßige Diffusion der Nährstoffe gewährleistet.

Untersuchungsmethoden

JUST (1980) teilt die Lebensmittel in drei Gruppen ein:

- Leichtlösliche Stoffe

  Darunter werden Lebensmittel verstanden, die sich in Wasser lösen lassen; z.B. Zucker, Honig, Gelatine, Milchpulver, Pudding u.ä.

- Schwerlösliche Stoffe

  Damit sind vor allem fetthaltige Lebensmittel wie Schokolade, Mayonnaise, Cremes, Butter, etc. gemeint. Diese Lebensmittel sind nicht ohne weiteres in Wasser löslich.

- Unlösliche Stoffe

  Viele Lebensmittel sind in Wasser nicht löslich, so beispielsweise Fleisch, Gemüse, Käse, Tiefkühlprodukte und teilweise Eiprodukte.

Leichtlösliche Lebensmittel

Soll der Keimgehalt von Wasser ermittelt werden, pipettiert man 10 - 20 ml steriles Leitungswasser in den Aufsatz des vorbereiteten Filtrationsgerätes. Anstelle des sterilen Leitungswassers kann auch eine sterile physiologische Kochsalzlösung oder andere Pufferlösungen eingegeben werden.

Bei der Untersuchung von Trinkwasser muß die zu untersuchende Menge mindestens 100 ml betragen. Laut Trinkwasser-Verordnung darf in 100 ml Wasser *Escherichia coli* nicht enthalten sein (Grenzwert), ebenfalls sollen coliforme Keime in 100 ml nicht enthalten sein (Richtzahl). Die Koloniezahl (Gesamtkeimzahl) soll den Richtwert 100 je Milliliter nicht überschreiten.

Von Fruchtsaft und Fruchtsaftkonzentraten werden 10 - 50 ml in einer Verdünnungslösung verdünnt; das Verdünnungsverhältnis soll 1 : 10 betragen.

Das Anlegen einer Verdünnungsreihe (Abb. 20, S. 48) ist immer angebracht bei:

- Unbehandelter Frischmilch
- Abwässer
- Produkte, die aus Erfahrung oder gemäß Literatur meist hohe Keimzahlen aufweisen.

Nachdem das Untersuchungsmaterial und die vorgelegten 10 - 20 ml sterilen Wassers, sterile physiologische Kochsalzlösung oder Pufferlösung in den Aufsatz gegeben wurden, wird der Aufsatz mit dem Deckel verschlossen und die Saugpumpe in Betrieb gesetzt. Durch den Unterdruck in der Saugflasche wird das Untersuchungsmaterial durch das Filter gedrückt. Die Keime verbleiben auf der Oberfläche.

Nach erfolgter Filtration spült man den Trichter mit sterilem Wasser, NaCl- oder anderer Pufferlösung nach. Dadurch werden eventuell noch an der Trichterwand haftende Keime auf das Filter gespült. Diese "Spülflüssigkeit" wird nochmals abgesaugt.

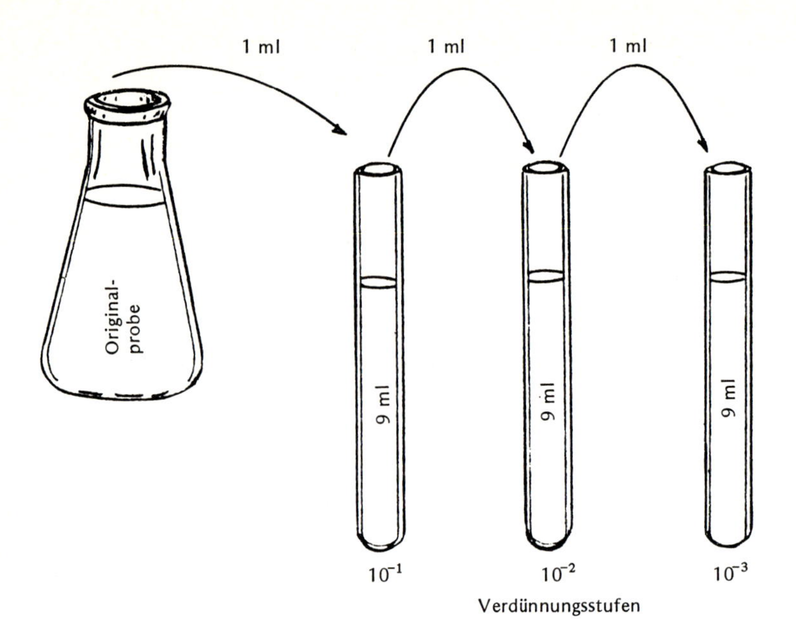

Abb. 20. Verdünnungsreihe für die Membranfiltration

Der Filter wird anschließend mit einer sterilen Pinzette mit der unbeschichteten Seite auf den Membranfilternährboden aufgelegt. Die Petrischalen werden mit dem Deckel nach unten im Brutschrank bebrütet.

Schwerlösliche Lebensmittel

Fetthaltige Lebensmittel schwemmt man in auf 40 - 45°C erwärmter Emulgatorlösung auf, unter anderen kommen dafür in Frage:

- Tween 80 (0,5 - 1%ig)
- Atlas-Renex 698 (5,0 - 10%ig)
- Triton X - 100 (1%ig)
- Emulgin 286 (3,0 - 5%ig)

Die Emulgatorlösung besteht aus einer physiologischen Kochsalz- bzw. anderer Verdünnungslösung mit dem o.g. Anteil eines Emulgators.

Unter kräftigem Schütteln werden 10 - 50 g Probematerial in 90 bzw. 450 ml Emulgatorlösung gelöst. Sterile Glasperlen als Zusatz sind nützlich. Von dieser 1 : 10-Verdünnung wird eine Verdünnungsreihe angelegt; die Filtration erfolgt wie bereits beschrieben.

Filter von Proben, die mit einer Emulgatorlösung vorbehandelt wurden, sind zweimal mit auf 40 - 45°C erwärmter physiologischer

NaCl-Lösung (mind. 30 ml) nachzuspülen. Dadurch wird eine inhibitorische Wirkung auf das Keimwachstum durch den Emulgator verhindert.

Unlösliche Lebensmittel

Lebensmittel, die weder in Wasser noch in Emulgatorlösung löslich sind, müssen zerkleinert und in Suspension gebracht werden. Zweckmäßigerweise bedient man sich eines Homogenisierstabes.

10 - 50 g Lebensmittel werden mit der 9fachen Menge Verdünnungsflüssigkeit oder Emulgatorlösung mit dem 'Ultra Turrax' homogenisiert. Damit sich unlösliche Bestandteile absetzen können, empfiehlt es sich, das Homogenisat für ca. 15 min abgedeckt mit einer Aluminiumfolie in einen Kühlschrank zu stellen.

Eine Verdünnungsreihe wird von der flüssigen Phase, dem sogenannten Überstand, angelegt.

Um einen Belag von Feststoffteilchen auf dem eigentlichen Filter fernzuhalten, wird ein Vorfilter vorgeschaltet. Vorfilter mit einer Porenweite von ca. 12 µm halten grobe Bestandteile, wie Fleisch- und Pflanzenfasern zurück und lassen die Keime auf den mikrobiologischen Filter passieren.

Titer - und Most Probable Number Technik

Die Bestimmung niedriger Keimgehalte durch Koloniezählung ist, wie bereits beschrieben, nur bei filtrierbaren Flüssigkeiten mittels Membranfiltrations-Verfahren möglich. Für einen großen Teil der Lebensmittel ist diese Zählmethode jedoch nicht anwendbar.

Für die Ermittlung niedriger Keimzahlen in Nahrungsmitteln arbeitet man mit definierten, in 10er Potenzen abgestuften Probemengen in einer Flüssigkeitskultur und führt indirekte Zählungen durch.

Die indirekte Zählung in Flüssigkeitskulturen ist zwar wesentlich ungenauer als das Koloniezählverfahren, stellt aber bei vielen Lebensmitteln die einzige Möglichkeit der Bestimmung niedrigster Keimgehalte dar.

Titer-Bestimmung

Man benutzt Probemengen in Stufen fallender 10er Potenzen wie zum Beispiel 1000 ml (bzw. g), 100 ml (g), 10 ml (g), 1 ml (g), 0,1 ml (g), 0,01 ml (g) und 0,001 ml (g). Die Probemengen werden direkt pipettiert (abgewogen); kleinste Probemengen erhält man durch Verdünnungsreihen.

Die Probemengen werden jeweils in flüssiges, für die nachzuweisenden Mikroorganismen möglichst selektives Nährsubstrat gebracht.

Kommt es nach einer Bebrütung zum Wachstum und einer entsprechenden Nachweisreaktion, so muß mindestens eine Keimzelle der betreffenden Keimart erhalten sein, bzw. kein Keim, wenn die Reaktion ausbleibt.

Eine Nachweisreaktion kann ein Farbumschlag eines Indikators, zum Beispiel Säurebildung eines Keimes, sein. Als Titer bezeichnet man die niedrigste Probestufe, die noch ein Wachstum anzeigt.

Beziehung zwischen Titer und Keimzahl (Tabelle 3)

Titer und Keimzahl lassen sich auf folgende Weise in Beziehung bringen (s. Tabelle 3):

Tabelle 3. Beziehung zwischen Titer und Keimzahl

Titer (ml)	Anzahl der Keime in 100 ml	10 ml	1 ml	0,1 ml	0,01 ml	0,001 ml
1000	0	0	0	0	0	0
100	1-9	0	0	0	0	0
10	10-99	1-9	0	0	0	0
1	100-999	10-99	1-9	0	0	0
0,1	1000-9999	100-999	10-99	1-9	0	0
0,01	10000-99999	1000-9999	100-999	10-99	1-9	0
0,001	100000-999999	10000-99999	1000-9999	100-999	10-99	1-9

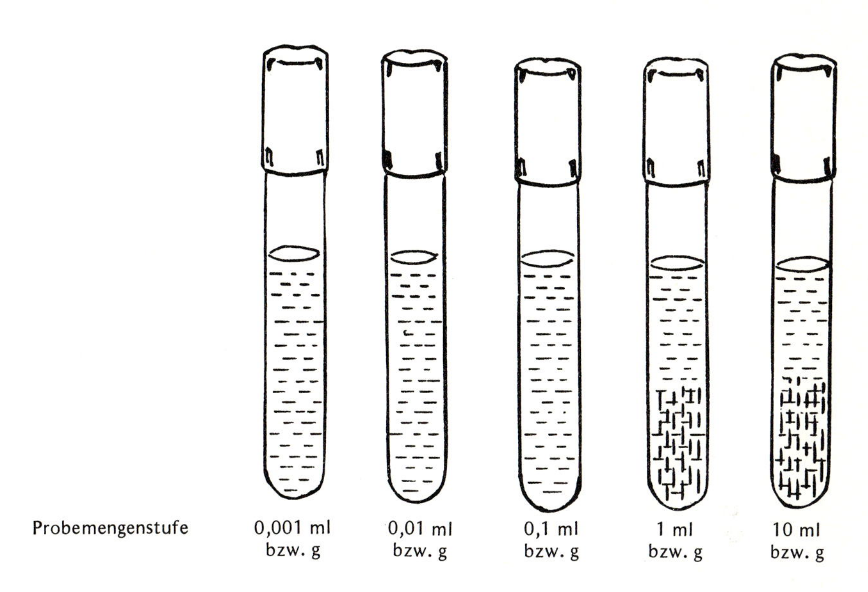

Abb. 21. Bebrütete Röhrchen ohne und mit Wachstum

Beispiel und Auswertung einer Titerbestimmung (Abb. 21)

5 Reagenzgläser werden mit je 10 ml eines Reaktionsmediums beschickt. Zu je 10 ml Nährboden werden 0,001 ml (g), 0,01 ml (g), 0,1 ml (g), 1 ml (g) und 10 ml (g) eingeimpft. Die Röhrchen werden anschließend mit sterilen Wattestopfen oder Aluklappen ver-

schlossen und 3 - 4 Tage bebrütet. Die Bebrütungstemperatur richtet sich nach den zu suchenden Keimen.

Nach der Bebrütungszeit zeigen sich folgende Reaktionen:

- Reaktion positiv = +
- Reaktion negativ = -

Es ist ratsam, auch bei Titerbestimmungen Probemengenstufen doppelt anzusetzen. Es wird dann das Ergebnis mit der ersten Probemengenstufe angegeben, bei der wenigstens ein Ansatz positiv ist.

Bei diesem Verfahren läßt sich nicht sagen, ob die positive Reaktion durch eine oder mehrere Zellen bewirkt wurde. Wären jedoch 10 Zellen vorhanden gewesen, hätte auch die nächst niedrigere Probemengenstufe positiv sein müssen.

Positive Reaktionen müssen durch Diagnostizierung der gefundenen Keime bestätigt werden.

Most Probable Number Technik (MPN)

Die MPN-Bestimmung stellt eine Erweiterung des Titerverfahrens dar. Während beim Titerverfahren die Keimmenge nicht ermittelt werden, sondern nur in sehr groben Größenordnungen geschätzt werden kann, ist die Aussage der wahrscheinlichsten Keimzahl bei der MPN-Technik möglich.

Durchführung der MPN-Bestimmung

Unter sterilen Bedingungen werden mindestens 12 Kulturröhrchen mit 9 ml eines Nährmediums gefüllt. In drei Röhrchen (Serie 1) wird 1 ml einer Probeverdünnung ($\hat{=}$ 0,1 g bzw. ml Probematerial) zugesetzt und durchgemischt.

Von jedem dieser 3 Röhrchen wird 1 ml der Mischung ($\hat{=}$ 0,01 g bzw. ml Probematerial) in drei weitere, ebenfalls Bouillon enthaltenden Röhrchen (Serie 2) überpipettiert und durchgemischt.

In gleicher Weise werden wiederum 3 Röhrchen (Serie 3) beimpft ($\hat{=}$ 0,001 g bzw. ml Probematerial). Beim Anlegen der Verdünnungen muß soweit gegangen werden, daß die höchste Verdünnung "steril" ist. Eine unbeimpfte Serie (Serie n+1) dient als Kontrolle.

Nach der Bebrütung wird die Serie ausgewertet, bei denen alle Röhrchen positiv sind und die nächst höheren zwei Verdünnungen. Die Ergebnisse werden nun so registriert, daß man die Anzahl der positiven Parallelröhrchen bei jedem Verdünnungsansatz feststellt; diese Auswertung führt zur Stichzahl (s. dazu Beispiel a und b).

Beispiel:

Verdünnung	:	10^{-1}	10^{-2}	10^{-3}
positive Röhrchen	:	3	1	0
Stichzahl	:	310		
MPN pro Gramm	:	40		

Wenn mehr als drei Probemengenstufen angesetzt wurden, sind folgende zwei Regeln zu beachten:

a) Wenn in mehr als einer Stufe sämtliche Ansätze positiv sind, wähle man den Satz von drei aufeinanderfolgenden Stufen, der die geringste Probemenge einschließt.

b) Wenn in mehr als einer Stufe alle Röhrchen negativ sind, wähle man den Satz von drei Stufen, der die höchste Probemenge einschließt.

Beispiel für die Regal a

	1. Serie	2. Serie	3. Serie	4. Serie
Probemengestufe	1 ml (g)	0,1 ml (g)	0,01 ml (g)	0,001 ml (g)
1. Ansatz	(+)	(+)	(-)	(-)
2. Ansatz	(+)	(+)	(+)	(-)
3. Ansatz	(+)	(+)	(+)	(+)
Stichzahl		3	2	1

Die Stichzahl 321 besagt, daß 150 Keime pro Gramm Lebensmittel vorhanden sind.

Die die MPN aus den Verdünnungen 10^{-1}, 10^{-2} und 10^{-3} ermittelt wurde (Stichzahl 321) (Tabelle 4, S. 54), ist der Tabellenwert mit dem Faktor 10 zu multiplizieren.

Beispiel für die Regel b

	1. Serie	2. Serie	3. Serie	4. Serie
Probemengestufe	1 ml (g)	0,1 ml (g)	0,01 ml (g)	0,001 ml (g)
1. Ansatz	(+)	(-)	(-)	(-)
2. Ansatz	(+)	(+)	(-)	(-)
3. Ansatz	(+)	(+)	(-)	(-)
Stichzahl	3	2	0	

Die Stichzahl 320 besagt, daß 9 Keime pro Gramm Lebensmittel vorhanden sind.

In der nachstehenden Tabelle 4 fehlen selten zu erwartende Werte wie beispielsweise 0-0-3. Solche ungewöhnlichen Ergebnisse sollten auch mit größter Vorsicht interpretiert werden, da sie möglicherweise auf Analysenfehler zurückzuführen sind.

Tabelle 4. MPN-Auswertungstabelle – Drei Parallel-Ansätze

MPN / g (ml)							
3×1	3×0,1	3×0,01 g (ml)		Vertrauensbereich-Grenzen			
Stichzahl			MPN	95 %		99 %	
0	0	0	<0,3				
0	0	1	0,3	<0,1	1,7	<0,1	2,2
0	1	0	0,3	<0,1	1,7	<0,1	2,3
0	2	0	0,6	<0,2	2,2	<0,1	2,9
1	0	0	0,4	0,1	2,1	<0,1	2,8
1	0	1	0,7	0,2	2,7	<0,1	3,5
1	1	0	0,7	0,2	2,8	<0,1	3,6
1	1	1	1,1	0,4	3,4	0,2	4,3
1	2	0	1,1	0,4	3,5	0,2	4,4
1	2	1	1,5	0,6	4,1	0,4	5,1
1	3	0	1,6	0,6	4,2	0,4	5,2
2	0	0	0,9	0,2	3,8	<0,1	5,0
2	0	1	1,4	0,5	4,8	0,2	6,2
2	1	0	1,5	0,5	5,0	0,2	6,4
2	1	1	2,0	0,7	6,0	0,4	7,6
2	2	0	2,1	0,8	6,2	0,5	7,9
2	2	1	2,8	1,1	7,4	0,7	9,2
2	3	0	2,9	1,1	7,7	0,7	9,7
3	0	0	2	<1	13	<1	18
3	0	1	4	1	18	<1	23
3	0	2	6	2	23	1	29
3	1	0	4	1	21	<1	28
3	1	1	7	2	28	2	36
3	1	2	12	4	35	2	45
3	2	0	9	3	38	1	51
3	2	1	15	5	50	3	66
3	2	2	21	8	64	5	82
3	2	3	29	<11	79	8	98
3	3	0	20	10	140	<10	190
3	3	1	50	10	240	<10	320
3	3	2	110	30	480	20	640
3	3	3	>110				

[a] DE MAN (1975) The probability of most probable number. Eur J Appl Microbiol 1:67-78

Färbeverfahren

Mikroorganismen, vor allem Bakterien, sind im Nativpräparat unter dem Mikroskop oft schlecht erkennbar. Um Mikroorganismen nun besser sichtbar zu machen, bedient man sich der Färbeverfahren. Färbungen beruhen auf der Speicherung von Farbstoffen in bzw. auf der Zellwand von Organismen, d.h. daß der Farbstoff in der angefärbten Zelle in wesentlich höherer Konzentration als im umgebenden Medium vorliegt.

Auch zur Diagnostizierung von Bakterien finden Färbungen eine Anwendung. Die Gramfärbung (Gram, dän. Bakteriologe z.Zt. ROBERT KOCH's) ist eine der wichtigsten Diagnostizierungs-Reaktionen für Bakterien. Dieses Färbeverfahren beruht auf unterschiedlichen Zellwandstrukturen der Bakterien.

Vitalfärbung – Färbung von Nativpräparaten –

Bei der Vitalfärbung werden Mikroorganismenzellen aus einer Flüssigkeitskultur in eine Färbelösung gebracht, oder man mischt einen Tropfen einer Mikroorganismensuspension mit einem Tropfen einer Färbelösung auf einem Objektträger.

Die Zellen speichern den Farbstoff und erscheinen dadurch im mikroskopischen Bild angefärbt. Vielfach tritt eine Farbwirkung nur bei geschädigten oder abgestorbenen Zellen in Erscheinung. Unter Umständen kann man auf diese Weise lebende und tote Zellen unterscheiden.

Als Farblösungen können Methylenblau- oder Erythrosinlösungen verwendet werden.

Intensivfärbung – Färbung von Ausstrichpräparaten –

Für die intensive Anfärbung von Mikroorganismen werden fixierte Ausstrichpräparate verwendet. Lebende Zellen werden bei der Präparation abgetötet.

Herstellung von Ausstrichpräparaten (Abb. 22)

Objektträger werden in Chromschwefelsäure oder mit Spül- und Reinigungsmittel entfettet, danach mit Leitungswasser, dest.

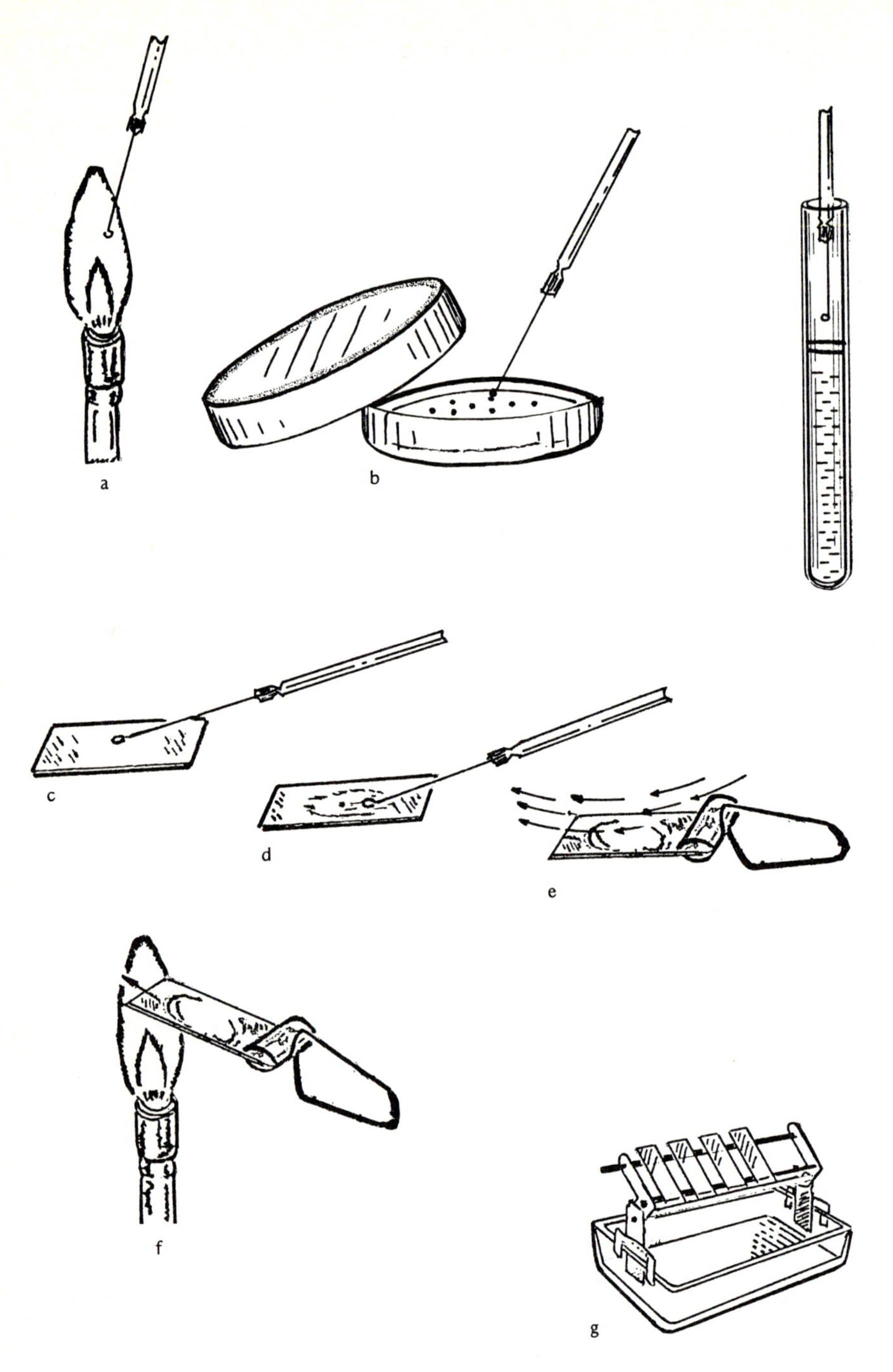

Abb. 22a-g. Herstellung von Ausstrichpräparaten. a) Ausglühen der Impföse; b) Aufnehmen einer Kolonie vom Nährboden oder Öse in der Flüssigkultur benetzen; c) Wird die Kolonie von der Agarplatte aufgenommen, wird diese zunächst mit sterilfiltriertem Wasser verrieben; d) Anfertigung eines dünnen Ausstrichs; e) Ausstrich lufttrocknen; f) Ausstrich hitzefixieren; g) Objektträger mit hitzefixiertem Ausstrich auf dem Färbebänkchen zur Färbung vorbereitet

Wasser und Alkohol sorgfältig gespült und anschließend getrocknet.

Auf den so gereinigten Objektträger bringt man einen Tropfen der zu untersuchenden Mikroorganismensuspension und streicht ihn mit der Impföse oder mit der Kante eines zweiten Objektträgers zu einem dünnen, gleichmäßigen Film aus. Stammt die zu untersuchende Kolonie von einem festen Nähragarboden, so ist diese zuvor mit physiologischer NaCl-Lösung oder sterilem dest. Wasser zu einer Suspension zu verreiben. Dabei ist zu beachten, daß nur äußerst wenig Koloniematerial zu verwenden ist.

Den Ausstrich läßt man zunächst an der Luft trocknen. Vor der eigentlichen Färbung muß der Ausstrich fixiert werden, d.h. die Mikroorganismen müssen auf dem Objektträger fest haften.

Für die meisten Ausstrichfärbungen wird eine Hitzefixierung angewendet. Dazu wird das lufttrockene Ausstrichpräparat mit der Schichtseite nach oben dreimal durch die Bunsenbrennerflamme gezogen. Das so fixierte Präparat kann nun gefärbt werden.

Einfache Färbung

Die einfache Färbung dient der deutlichen Sichtbarmachung von Zellformen und Zellanordnungen. Die Zellen werden in ihrer Gesamtheit mehr oder weniger einheitlich angefärbt.

Durchführung

a) Der fixierte Ausstrich wird mit einer Farblösung, z.B. Löffler's Methylenblau 1 - 3 min oder Ziehl-Neelsen's Carbol-Fuchsin 3 s, überschichtet.
b) Anschließend wird der Ausstrich mit einem indirekten Wasserstrahl aus der Spritzflasche vorsichtig gespült.
c) Objektträger mit Ausstrich an der Luft oder vorsichtig zwischen Filterpapier trocknen.
d) Der gefärbte und getrocknete Ausstrich kann jetzt (ohne Deckglas) mit dem Ölimmersionsobjektiv mikroskopiert werden.

Sporenfärbung

Bakteriensporen und Ascosporen von Hefen lassen sich mit einer einfachen Färbung nur schwer oder garnicht anfärben. Deshalb wendet man zu ihrer Darstellung spezielle Färbeverfahren an.

Stellvertretend für diverse Färbeverfahren sind die Malachit-Safranin- und die Carbolfuchsin-Methylenblau-Sporenfärbung beschrieben.

Malachit-Safranin-Sporenfärbung (Nach SHIMWELL)

Durchführung

a) Überschichten des fixierten Ausstrichs mit Malachitgrün-Lösung. Den Objektträger über kleinste Flamme des Bunsenbrenners bis zur Dampfbildung für ca. 5 min erwärmen.

b) Ausstrich mit dest. Wasser (Spritzflasche) spülen.

c) Ausstrich mit Alkohol überschichten und kurz einwirken lassen.

d) Erneutes Spülen mit dest. Wasser.

e) Gegenfärben mit Safranin-Lösung, ca. 5 min einwirken lassen.

f) Mit dest. Wasser spülen.

g) Objektträger mit dem Präparat trocknen und mikroskopieren.

Die Sporen erscheinen grün, die übrigen Zellen rot.

Carbolfuchsin-Methylenblau-Sporenfärbung (Nach KLEIN)

Durchführung

a) Überschichten des fixierten Ausstrichs mit Ziehl-Neelsen's Carbol-Fuchsin. Das Präparat über kleinste Flamme des Bunsenbrenners bis zur Blasenbildung erhitzen. Farbstoff 2 min einwirken lassen.

b) Ausstrich mit dest. Wasser spülen.

c) Entfärbung des Präparates mit Natriumsulfitlösung für ca. 1 min.

d) Erneutes Spülen mit dest. Wasser

e) Gegenfärbung mit Methylenblaulösung für ca. 1 min.

f) Mit dest. Wasser spülen.

g) Präparat auf dem Objektträger trocknen und mikroskopieren.

Die Sporen erscheinen rot, die übrigen Zellen blau.

Gramfärbung

Die Unterteilung der Bakterien in grampositive und gramnegative ist ein bedeutendes Merkmal in der Bakteriensysthematik.

Grampositive und gramnegative Bakterien unterscheiden sich, wie bereits erwähnt, aufgrund ihrer Zellwandstruktur. Dieser Unterschied läßt sich durch einen Triphenylmethan-Farbstoff, Beizung mit Jod und anschließender Alkoholbehandlung deutlich machen. Bei grampositiven Bakterien wird der Farbstoff-Jod-Komplex in der Zellwand festgehalten, bei gramnegativen Bakterien erfolgt dagegen eine Auswaschung durch Alkohol.

Der Reaktionsmechanismus dieses Verfahrens ist bis heute noch nicht eindeutig geklärt.

Die Gramfärbung ist bei vielen Bakterien nur an jungen, in der exponentiellen Wachstumsphase befindlichen Kulturen und unter genauer Einhaltung der Färbevorschrift eindeutig reproduzierbar. Es empfiehlt sich, für die Diagnostizierung unbekannter Bakterien, zur Kontrolle des Färbeverfahrens je eine bekannte grampositive und gramnegative Kultur mitzubehandeln.

GRAM-negative Bakterien

rot gefärbt

Stäbchen

Azotobacteriaceae

Achromobacteriaceae

Enterobacteriaceae
- *Escherichia*
- *Klebsiella*
- *Serratia*
- *Proteus*
- *Salmonella*
- *Shigella*

Brucellaceae
- *Pasteurella*
- *Bordetella*
- *Brucella*
- *Haemophils*

Pseudomonadaceae

Vibrionen-Spirillen

Vibrio

Spirillum

Spirochaeta

GRAM-positive Mikroorganismen

blau-violett gefärbt

Kokken

Micrococcaceae[1]
- *Micrococcus*
- *Sarcina*
- *Diplococcus*

Streptococcaceae
- *Streptococcus*
- *Pediococcus*
- *Leuconostoc*

Stäbchen

Brevibacteriaceae

Lactobacillaceae
- *Lactobacillus*

Propionibacteriaceae

Corynebacteriaceae
- *Corynebacterium*

Bacillaceae[1]
- *Bacillus*
- *Clostridium*

Fäden mit Verzweigung

Actinomycetales
- *Actinomyces*
- *Nocardia*
- *Streptomyces*

Pilze

---

[1] einige Arten sind gram-labil

Carbolgentianaviolett-Fuchsin-Färbung (Nach GRAM)

Durchführung

a) Überschichten des hitzefixierten Ausstrichs mit Carbolgentianaviolettlösung und 2 min einwirken lassen.

b) Lugol'sche Lösung auftropfen, abgießen, erneut auftropfen und 2 min einwirken lassen.

c) Entfärben durch Auftropfen von 96%igem Alkohol mit anschliessendem Schwenken bis keine Farbwolken mehr entweichen.

d) Mit dest. Wasser (Spritzflasche) spülen.

e) Gegenfärben mit Fuchsinlösung, 15 s.

f) Erneutes Spülen mit dest. Wasser.

g) Objektträger mit Präparat trocknen und ohne Deckglas mit Ölimmersionsobjektiv mikroskopieren.

Grampositive Bakterien erscheinen dunkelblau-violett, gramnegative Bakterien erscheinen rot.

Kristallviolett-Safranin-Färbung (Nach HUCKER)

Durchführung

a) Überschichten des hitzefixierten Ausstrichs mit Kristallviolettlösung, 1 min einwirken lassen.

b) Lugol'sche Lösung auftropfen, abgießen, erneut auftropfen und 1 min einwirken lassen.

c) Entfärben mit 96%igem Alkohol bis keine Farbwolken mehr entweichen.

d) Gegenfärbung mit Safraninlösung, 20 s.

e) Mit dest. Wasser (Spritzflasche) spülen.

f) Objektträger mit Ausstrich trocknen und wie beschrieben mikroskopieren.

Färbebank

Alle Färbungen erfolgen auf einem Färbebänkchen, welches in einer flachen Glaswanne steht. Auf diesem Färbebänkchen finden, je nach Größe, zwischen 10 und 20 Objektträger Platz. Das Färbebänkchen besitzt eine Klappvorrichtung, dadurch ist eine Überschichtung und das anschließende Spülen problemlos. Die überschüssigen Lösungen werden in der flachen Glaswanne aufgefangen.

Keimzahlbestimmungen von Oberflächen, Behältnissen und Luft

Der bakteriologische Status eines Nahrungsmittels wird von Art und Menge der Keime mitbestimmt, mit denen es während der Herstellung kontaminiert wird.

Eine mikrobiologische Kontrolle aller Oberflächen, mit denen Lebensmittel bei der Ver- und Bearbeitung, Verpackung und Transport in Berührung kommen, ist unerläßlich. Neben Maschinen und Geräten sollten auch Finger und Handflächen, Türklinken usw. einer Stufenkontrolle unterzogen werden. Reinigung und Desinfektion haben sich an den Ergebnissen der bakteriologischen Betriebskontrolle zu orientieren.

Die Keimzahlbestimmungen von Oberflächen werden auch direkt an Lebensmitteln, vor allem an Rohwaren, durchgeführt. Pflanzliche und tierische Gewebe sind im Inneren keimfrei oder keimarm, während die Oberfläche meist starke bakteriologische Kontaminationen aufweist. Dadurch kommen bei der Be- und Verarbeitung sowohl Keime an das Arbeitsgerät als auch in das herzustellende Produkt.

Die auf Oberflächen von Bearbeitungsmaschinen, Gerätschaften, Behältnissen für den Transport oder Lagerung, Tischen usw. wie auch auf Lebensmitteloberflächen befindlichen Keime können durch Abklatsch-, Abstrich- oder Abschwemmverfahren erfaßt werden.

Mit den nachstehend beschriebenen Techniken ist es möglich, Aussagen über Keimarten als auch Keimzahlen zu treffen. Bei Abklatsch-, Abstrich- sowie Abschwemmverfahren bezieht sich die gefundene Keimzahl auf eine untersuchte Flächengröße. Die Keimzahl wird in Menge pro Quadratzentimeter (cm^2) angegeben.

Abklatschverfahren

Diese Methode eignet sich gut zur Untersuchung der Keimgehalte auf ebenen Flächen, wie zum Beispiel Tische, Wände, Schneiden, Messer etc., dabei wird eine Agarnährbodenfläche auf die zu untersuchende Oberfläche gedrückt. Die Keime der Untersuchungsfläche bleiben weitgehend auf dem Nährboden haften. Anschließend wird der Nährboden im Brutschrank bebrütet. Die abgeklatschten Mikroorganismen entwickeln sich während der Bebrütung zu Kolonien, diese lassen sich dann zählen und auswerten.

Sollte sich nach einer Kultivierung herausstellen, daß die Untersuchungsfläche zu hoch kontaminiert war und daher eine Koloniezählung auf dem Abklatsch nicht möglich ist, so kann die Bestimmung trotzdem quantitativ durchgeführt werden; man legt eine Verdünnungsreihe vor der Bebrütung an.

Dazu kann man entweder den ganzen Abklatsch verwenden oder mit einer sterilen Stanze eine Teilfläche ausstanzen. Aus der Verdünnungsreihe wird die Keimzahl nach dem Koloniezählverfahren bestimmt und unter Berücksichtigung der zugrunde gelegten Fläche berechnet.

Agaroid-Stangen (Nach TEN CATE)

Die Methode eignet sich zur Untersuchung glatter Oberflächen. Der Agarnährboden ist von einem Kunststoffschlauch umschlossen und die Enden "wurstähnlich" verknotet. Dadurch entstehen Stangen mit einem definierten Querschnitt. Über den Querschnitt bzw. Durchmesser wird die Fläche, die zum Abklatschen zur Verfügung steht, berechnet.

Durchführung

a) Die Außenseite der Kunststoffhülle wird durch Abreiben mit Alkohol gut desinfiziert.

b) Mit einem Skalpell, welches durch Eintauchen in Alkohol und anschließendem Abflammen sterilisiert wurde, wird das Ende der Agaroid-Stange glatt abgeschnitten.

c) Durch leichten Druck am geschlossenen Ende der Stange wird der Agarnährboden ca. 1 cm aus der Hülle gedrückt.

d) Die Schnittfläche wird, nach dem Verdunsten des Alkohols, auf die Untersuchungsfläche gedrückt.

e) Von der Agaroid-Stange wird eine ca. 3 mm starke Scheibe abgeschnitten und auf dem Skalpell liegend mit der Abklatschseite nach oben in eine sterile Petrischale gebracht.

f) Die Petrischale mit der Agarscheibe wird anschließend bebrütet.

Entsprechend der Fragestellung der Untersuchung können Kollektiv- oder Selektivnährböden verwendet werden. Bei hohen Keimgehalten kann entweder von der ganzen Scheibe oder von einer daraus ausgestanzten Fläche eine Verdünnungsreihe angelegt werden.

Abstrichverfahren

Oberflächen, die sich an schlecht zugänglichen Stellen befinden, können durch Abstreichen mit einem Wattetupfer auf ihren Keimgehalt hin überprüft werden. Die Untersuchungsergebnisse sind in quantitativer Hinsicht sehr ungenau; es lassen sich aber auch durch diese Methode brauchbare Relativwerte erzielen.

Abb. 23. Abstrichtupfer. *1* Zellstoff-Stopfen; *2* Holzstäbchen; *3* Wattetupfer

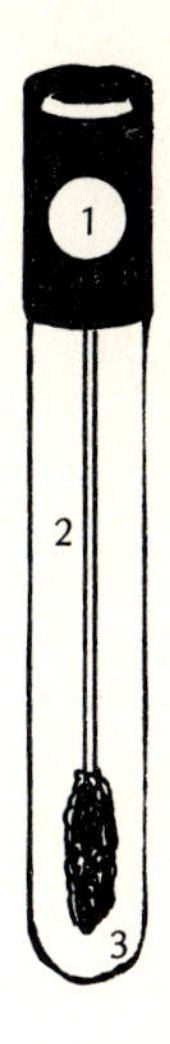

Der Abstrich erfolgt mit einem sterilen Alginat-Watte-Tupfer. Durch Lösung der Alginatwatte in Hexametaphosphat-Lösung wird der an dem Tupfer haftende Oberflächen-Keimgehalt suspendiert und kann mittels der klassischen Plattenmethode bestimmt werden.

Vorbereitung für das Verfahren

Durchführung

a) Alginatwatte wird um ein Holzstäbchen gewickelt, dieses Holzstäbchen in einen Zellstoffstopfen befestigt und anschließend auf ein Reagenzglas gesetzt. Diese Einheit wird autoklaviert (Abb. 23).

b) Die Hexametaphosphat-Lösung aus einer 1/4 starken Ringerlösung mit einem 1%igen Natriummetaphosphat-Gehalt. Diese Lösung wird ebenfalls autoklaviert.

c) Mit dem sterilen, in Ringerlösung angefeuchteten Tupfer wird die Untersuchungsfläche abgestrichen.

d) Nach dem Abstrich wird der Tupfer aseptisch in das Reagenzglas mit der Ringer/Hexametaphosphat-Lösung eingebracht und das Glas geschüttelt.

e) Anschließend wird der Keimgehalt in der Flüssigkeit ermittelt.

Die kontaminierte Flüssigkeit wird auf die zu prüfenden Keime abgestimmten Nährböden gebracht. Man bedient sich der Plattenkultivierungs-Verfahren. Sind geringe Keimzahlen zu erwarten, ist dem Membranfiltrations-Verfahren den Vorzug zu geben.

Eine weitere Möglichkeit des qualitativen Indikator-Mikroorganismen-Nachweises besteht darin, daß ein vorbereitetes oder über den Fachhandel erworbenes, steriles Tupferröhrchen mit ca. 3 ml einer sterilen Nährbouillon, beispielsweise Caseinpepton-Sojamehlpepton-Bouillon, gefüllt wird. Mit dem feuchten Wattetupfer

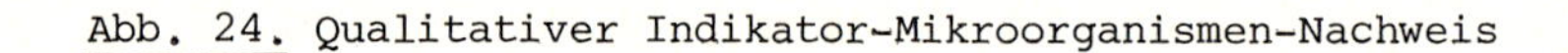

Abb. 24. Qualitativer Indikator-Mikroorganismen-Nachweis

steriler Tupfer in Caseinpepton-Sojamehlpepton-Bouillon

Abstrich einer definierten Fläche

Ausstrich des Tupfers auf Baird-Parker-Agar, anschließend bebrüten.

(werden schlechte Anwachsraten festgestellt, ist eine separate Anreicherung – z.B. Caseinpepton Sojamehlpepton-Bouillon mit 6,5 – 10% NaCl – empfehlenswert)

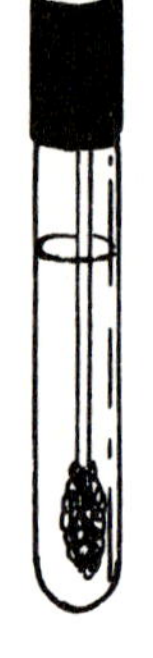

Gleicher Tupfer in ein mit Enterobacteriaceen-Anreicherungs-Brühe gefülltes Röhrchen eintauchen und inkubieren

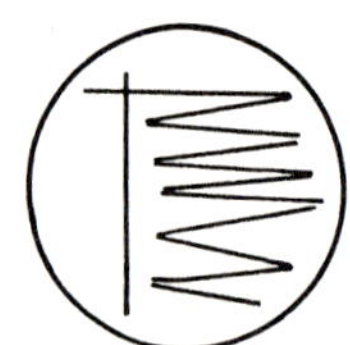

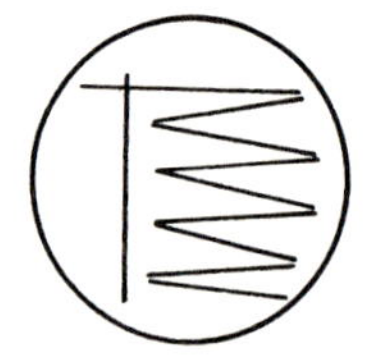

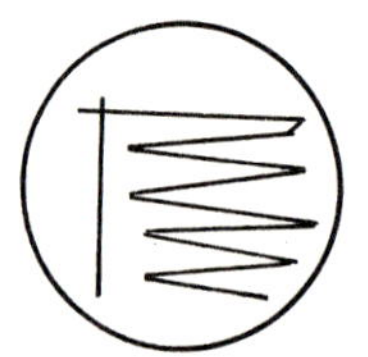

Von der Anreicherungs-Brühe fraktionierte Ausstriche, je eine Impföse Material, auf Selektivnährböden anfertigen

wird eine definierte Fläche abgestrichen und dieser Abstrich wie folgt weiterbehandelt (Abb. 24):

- Ausstreichen des Tupfers auf Baird-Parker-Nährboden (Bebrütung des Nährbodens für 24 - 48 h bei 37°C, Überprüfung verdächtig gewachsener *Staphylococcus aureus*- Kolonien mit Hilfe des Plasmakoagulase-Tests).
- Gleichen Tupfer anschließend in Reagenzglas, welches mit 9 ml Enterobacteriaceen-Anreicherungs-Brühe gefüllt ist, eintauchen und während 24 - 48 h bei 37°C inkubieren.
- Von dieser Anreicherung fraktionierte Ausstriche auf Selektivnährböden anfertigen. Als Selektivnährböden werden
  - Kristallviolett-Neutralrot-Galle-Glukose-Agar
  - *Salmonella-Shigella*-Agar
  - Brillantgrün-Phenolrot-Laktose-Saccharose-Agar

  vorgeschlagen.

Abschwemmverfahren

Das Prinzip der Methode besteht darin, daß ein steriler, an beiden Seiten offener Zylinder mit bekannter Grundflächengröße auf die zu untersuchende Oberfläche gepreßt wird.

Eine abgemessene Menge steriler Verdünnungslösung, Pepton- oder Ringerlösung, eventuell mit etwas ausgeglühtem sterilen Seesand vermischt, wird in den Zylinder gegossen. Durch Schütteln werden die Keime abgeschwemmt und anschließend der Keimgehalt in der Flüssigkeit bestimmt.

Das Abschwemmverfahren eignet sich besonders gut zur Ermittlung einer Oberflächenkontamination von Fleisch und Geflügel.

Im Laborfachhandel werden Geräte angeboten, die eigens für die Oberflächenkontamination-Feststellung nach dem Abschwemmprinzip entwickelt wurden.

Überschichtungsverfahren

Folien, Papier, Pappen, Kunststoffeinsätze usw. können durch Abklatsch- oder Abstrichverfahren auf ihren Oberflächenkeimgehalt hin überprüft werden.

Als günstiger hat sich das Verfahren der vorsichtigen Überschichtung von Verpackungsmaterialien mit verflüssigtem und temperierten Agarnährböden erwiesen.

Mit einer Schere, die durch Tauchen in Alkohol und anschließendem Abflammen sterilisiert wurde, wird eine 5 x 5 cm große Fläche des Verpackungsmaterials ausgeschnitten; auch besteht die Möglichkeit, mit abgeflammten Kreisschneidern 50 cm^2 große Probestücke auszuschneiden.

Diese ausgeschnittenen Flächen (25 bzw. 50 cm^2) legt man mit einer sterilen Pinzette in sterile Petrischalen.

Anschließend wird die Packmittelprobe dünn, mit verflüssigtem, auf 40 - 45°C temperierten Agarnährboden überschichtet, die Petrischalen verschlossen und nach dem Verfestigen des Nährbodens bebrütet.

Keimzahlbestimmung in Flaschen

Bei Verwendung einer modernen Flaschenreinigungsmaschine und sorgfältiger Wartung ist das Infektionsrisiko der Mehrweg-Glasflaschen sehr gering. Trotzdem bietet auch bei modernsten Anlagen die regelmäßige mikrobiologische Kontrolle aller Betriebsabläufe die einzige Sicherheit für mikrobiologisch einwandfreie Produkte.

In der Praxis der Betriebsüberwachung sind zwei Verfahren bekannt; die Rollflaschen- und Spülmethode.

Rollflaschen-Methode

Bei der Rollflaschen-Methode wird in die zu untersuchende Flasche flüssiger Nähragarboden eingefüllt, der durch Rollen der Flasche an deren Wandung und Boden gleichmäßig verteilt wird. Der flüssige Agarnährboden darf nicht wärmer als maximal 50°C sein, da sonst die Keime eventuell abgetötet oder zumindest gehemmt würden.

Diese Methode ermöglicht eine genaue Fixierung der in der gereinigten Flasche zurückgebliebenen lebensfähigen Mikroorganismen.

Die in der Flasche befindlichen Keime wachsen während der Bebrütung zu sichtbaren Kolonien aus. Das Verfahren eignet sich jedoch nur für durchsichtige Glasbehältnisse. Auch sonst hat die Rollflaschen-Methode für die tägliche Routinekontrolle verschiedene gravierende Nachteile.

- Sie ist sehr umständlich und aufwendig, da jede Flasche zur Bebrütung in den Brutschrank eingebracht werden muß.
- Die Anzahl der zur Prüfung entnommenen Flaschen wird durch die Aufnahmekapazität des Brutschrankes bestimmt.

Durchführung

a) Die zu untersuchende Flasche wird sofort nach der Entnahme aus der Spülmaschine mit einem vorbereiteten sterilen Stopfen verschlossen.

b) Je nach Flaschengröße werden 7 - 10 ml verflüssigter Agarnährboden in die Flasche gefüllt. Der Stopfen wird dazu abgenommen und anschließend sofort wieder aufgesetzt.

c) Die waagerecht gehaltene Flasche wird gerollt und so bewegt, bis die gesamte Innenwandung mit dem Nährboden überzogen ist.

d) Die Flaschen werden aufrecht stehend, nicht über 25°C, im Brutschrank bebrütet.

Aufgrund der relativ niedrigen Bebrütungstemperatur, eine höhere könnte in der Flasche zur Nährbodenlösung führen, muß folgerichtig die Bebrütungszeit entsprechend verlängert werden. Bei Kunststoffflaschen kann es zu einer Ablösung des Agars kommen, wenn diesem nicht 3% Carboxyhydroxymethylcellulose (reinst) zugesetzt wird.

Flaschen-Spül-Methode

Dieses Verfahren wird mit Hilfe der Membranfilter-Technik durchgeführt. Unabhängig vom Volumen der Flasche werden 20 - 50 ml einer sterilen physiologischen Kochsalzlösung in Flaschen gefüllt und diese nach dem Abflammen der Mündung verschlossen. Nach kräftigem Schütteln läßt man die Flasche einige Minuten stehen.

Vor der Membranfiltration wird die "Spülflüssigkeit" noch einmal geschüttelt und dann filtriert. Der weitere Arbeitsgang wurde bereits unter dem Kapitel Membran-Filtration (s.S. 44) beschrieben. Diese Methode ist relativ einfach durchzuführen und nicht so arbeitsintensiv. Sie eignet sich vor allem für die Massenuntersuchung von Flaschen und Gläsern.

Bestimmung der Luftkeimzahl

Obwohl die Luft als Kontaminationsträger häufig überschätzt wird, ist es trotzdem ratsam die Luftkeimzahl, besonders in Räumen mit unverpackten Roh-, Halb- und Fertigwaren turnusmäßig zu überprüfen. Dabei können unter Umständen nicht nur Keimmengen, sondern auch die vorhandenen Keimarten von Interesse sein.

In der Praxis beschränkt man sich im allgemeinen auf den Nachweis gesamtkoloniebildender Einheiten von Bakterien und Pilzen. Dabei bedient man sich folgender Methoden:

- Sedimentationstest
- Gelatine-Membranfilter-Verfahren
- Impingment-Verfahren
  Abscheidung in Flüssigkeit
- Impaction-Verfahren
  Aufschleuderverfahren

Sedimentationstest

Für die mikrobiologische Überwachung von Produktionsräumen werden oftmals Sedimentationsplatten eingesetzt. Dabei wird nach einem

Aufstellplan vorgegangen und Nährböden in Petrischalen mit geöffnetem Deckel am Untersuchungsort deponiert. Die Öffnungszeit hängt von der zu erwartenden Keimzahl ab. Als Richtzeit sollten 20 - 30 min eingehalten werden.

Die sedimentierenden Keime werden aufgefangen, die Petrischalen mit dem Deckel verschlossen und kopfstehend für 3 - 5 Tage bei 30°C bebrütet. Im Anschluß daran erfolgt die Auszählung.

Dieses Verfahren hat den Nachtteil, daß eventuell vorhandene Keimkonglomerate nur zum Heranwachsen einer Kolonie führen. Außerdem bildet sich über den Petrischalen ein Polster von aufsteigendem Wasserdampf. Dieses "Luftzelt" erlaubt nur größeren Partikeln die Sedimentation auf die Petrischalen. Somit kann die tatsächliche Keimzahl nicht erfaßt werden. Als Nährböden empfehlen sich Caseinpepton-Sojapepton-Agar für die Bakterienkoloniezahl und Sabouraud-Glukose-Agar mit Chloramphenicol-Zusatz für den Pilznachweis.

Das Resultat wird in koloniebildende Einheiten (KBE) pro Platte (ca. 60 cm^2 bei einem Schalendurchmesser von 9 cm) und pro Zeiteinheit (z.B. 30 min) angegeben.

Gelatine-Membranfilter-Verfahren

Die Filtration erfolgt mit handlichen Geräten, die im Handel angeboten werden. Diese Geräte haben einen eingebauten Rotameter; dadurch können die koloniebildenden Einheiten bzw. Keimzahlen quantitativ pro Volumeneinheit (m^2) erfaßt werden. Die zu untersuchende Luft wird durch einen Gelatine-Membran-Filter (GMF) gesaugt, der anschließend mit einer der folgenden Methoden weiter verarbeitet wird.

GMF-Direkt-Methode

Der Gelatine-Membran-Filter wird mit einer sterilen Pinzette dem Filterhalter entnommen, auf Agarplatten gelegt und bebrütet. Die Petrischalen dürfen jedoch nicht mit dem Deckel nach unten bebrütet werden, um ein Abtropfen des sich verflüssigenden GMF zu verhindern. Anschließend erfolgt die Auszählung der koloniebildenden Einheiten

$$\text{Keimzahl} / m^3 = \frac{\text{Keimzahl/Platte x 1000 l}}{\text{geprüfte Luftmenge (l)}}$$

GMF-Filter-Methode

Nachdem der Gelatine-Membran-Filter unter sterilen Bedingungen dem Gerät entnommen wurde, wird dieser in ein Glas mit 50 ml vorgewärmter physiologischer NaCl-Lösung geführt und während ca. 2 min auf einem Magnetrührer gelöst. 5 x 10 ml der Probe werden mit einem Membranfiltergerät (mit Celluloseacetatfilter) filtriert und auf Nährböden gelegt und bebrütet.

Steht kein Membranfiltrationsgerät zur Verfügung, besteht die Möglichkeit die NaCl-Keimsuspension mit Hilfe der Plattengußmethode auszuwerten.

Da man beim Lösen der GMF in Flüssigkeit davon ausgeht, daß eventuell vorliegende Keimkonglomerate gesprengt werden und so "Einzelkeime" vorliegen, sind beim Resultat höhere Keimzahlen pro Volumeneinheit zu erwarten.

$$\text{Keimzahl} / \text{m}^3 = \frac{\text{Keimzahl (Mittelwert)/Platte} \times 50 \text{ ml} \times 1000 \text{ l}}{10 \text{ ml} \times \text{geprüfte Luftmenge (l)}}$$

Impingment-Verfahren

Die Probenahme erfolgt mit einem Ganzglas-Impinger. Die angesaugte Luft tritt mit hoher Geschwindigkeit in eine Absorptionsflüssigkeit (Pufferlösung, Nährbouillon) ein. Eventuell vorhandene Keimverbände werden dabei aufgebrochen und die Keime können somit einzeln nachgewiesen werden. Die Ermittlung des Keimgehaltes wird mit Hilfe der Membranfilter-Technik oder der Plattengußmethode durchgeführt. Wird eine Nährbouillon als Absorptionsflüssigkeit benutzt, ist eine rasche Verarbeitung angezeigt, da sonst Resultate wegen Vermehrung der vorhandenen Keime verfälscht würden. Um zu verhindern, daß ein Bruchteil der Keime mit der Luft wieder ausgetragen werden, sollten mehrere Impinger-Gefäße in Serie geschaltet werden.

Impaction-Verfahren

Das Prinzip des Impaction-Verfahrens besteht darin, daß die zu untersuchende keimhaltige Luft mit Hilfe des Gerätes, dem sog. "Schlitz- oder Zentrifugalsammler", angesaugt und durch einen engen Spalt auf einen im Inneren des Apparates befindlichen Nährboden aufgeschleudert wird.

Je nach System werden die Keime mit langsam rotierenden Agarplatten oder in Felder aufgeteilte Agarstreifen aufgefangen. Nach erfolgter Bebrütung der Nährböden kann das Resultat abgelesen und die Keimzahl pro Volumeneinheit (m^3) berechnet werden.

Hemmstoffe

Mikrobiologische Hemmstoffe sind Verbindungen mit bakteriziden (fungiziden) bzw. bakteriostatischen Eigenschaften. Antibiotika und Sulfonamide, aber auch Reinigungsmittel, Desinfektionsmittel und Konservierungsstoffe zählen zu den mikrobiologischen Hemmstoffen.

Konservierungsstoffe

Konservierungsstoffe sind Zusatzstoffe zum Schutze gegen mikrobiellen Verderb von Lebensmittel.

Art, Höchstmenge und Kennzeichnung der zugelassenen Konservierungsstoffe werden durch die Zusatzstoff-Zulassungsverordnung geregelt.

Sorbinsäure und ihre Derivate

$CH_3 - CH = CH - CH - CH - COOH$

Sorbinsäure und ihre Salze zeigen eine gute wachstumshemmende Wirkung, vornehmlich bei Hefen und Schimmelpilzen; Clostridien, Lactobazillen und Pseudomonaden sind relativ resistent. Die antimikrobielle Wirkung der Sorbinsäure wird im wesentlichen durch die undissoziierten Moleküle hervorgerufen. Daher erfolgt die bevorzugte Anwendung dieses Konservierungsmittels in saurem Milieu.

Benzosäure und ihre Derivate

$C_6H_5 - COOH$ (Na)

Auch bei der Benzoesäure ist die antimikrobielle Wirksamkeit pH-abhängig, nur die freie, nicht dissoziierte Säure ist wirksam (Tabelle 5). Die antimikrobielle Wirkung der Benzoesäure wird durch Eiweiß erniedrigt; Phosphate und Chloride dagegen unterstützen die Wirkung.

p-Hydroxybenzoesäureester und ihre Derivate (PHB-Ester)

(Na) $HO - C_6H_4 - COO - C_2H_5$ (C_3H_7)

Tabelle 5. Antimikrobielles Wirkungsspektrum von Benzoesäure (Nach REHM)

Organismenart	Zahl der untersuchten Stämme	pH-Bereich	Grenzhemm-konzentration in mg je 100 ml
Pseudomonas sp.	3	6,0	<200 - 480
Micrococcus sp.	5	5,5 - 5,6	50 - 100
E. coli	4	5,2 - 5,6	50 - 120
Penicillium sp.	23	2,6 - 5,0	<30 - 500
Aspergillus sp.	12	3,0 - 5,0	20 - 300
Hefen	23	2,6 - 5,0	20 - 200

Tabelle 6. Undissoziierter Anteil verschiedener Konservierungsmittel bei verschiedenen pH-Werten in %

	pH - Werte				
	3	4	5	6	7
Methyl-, Äthyl-, Prophyl-, PHB-Ester	99,99	99,99	99,96	99,66	96,72
Sorbinsäure	97,4	82,2	30,0	4,1	0,57
Benzoesäure	93,5	59,3	12,8	1,44	0,144
Propionsäure	98,5	87,6	41,7	6,67	0,71
Ameisensäure	85,0	36,2	5,39	0,56	0,056

Die freie p-Hydroxybenzoesäure hat als Konservierungsmittel praktisch keine Bedeutung, obgleich sie antimikrobielle Eigenschaften besitzt. Die Ester der p-Hydroxybenzoesäure sind wesentlich wirksamer als die freie Säure, sehr wenig pH-abhängig und damit auch für Lebensmittel im Neutralbereich zur Konservierung geeignet (Tabelle 6).

Ameisensäure und ihre Derivate

H - COOH (Na, K, Ca)

Die antimikrobielle Wirksamkeit der Ameisenäure erstreckt sich auf Bakterien, Schimmelpilze und Hefen. Sie ist nur im sauren Bereich optimal wirksam. Bei pH 3 sind rund 85%, bei pH 6 nur noch 0,56% der antimikrobiell wirksamen undissoziierten Säure vorhanden.

Propionsäure und ihre Derivate

$CH_3 - CH_2 - COOH$ (Ca)

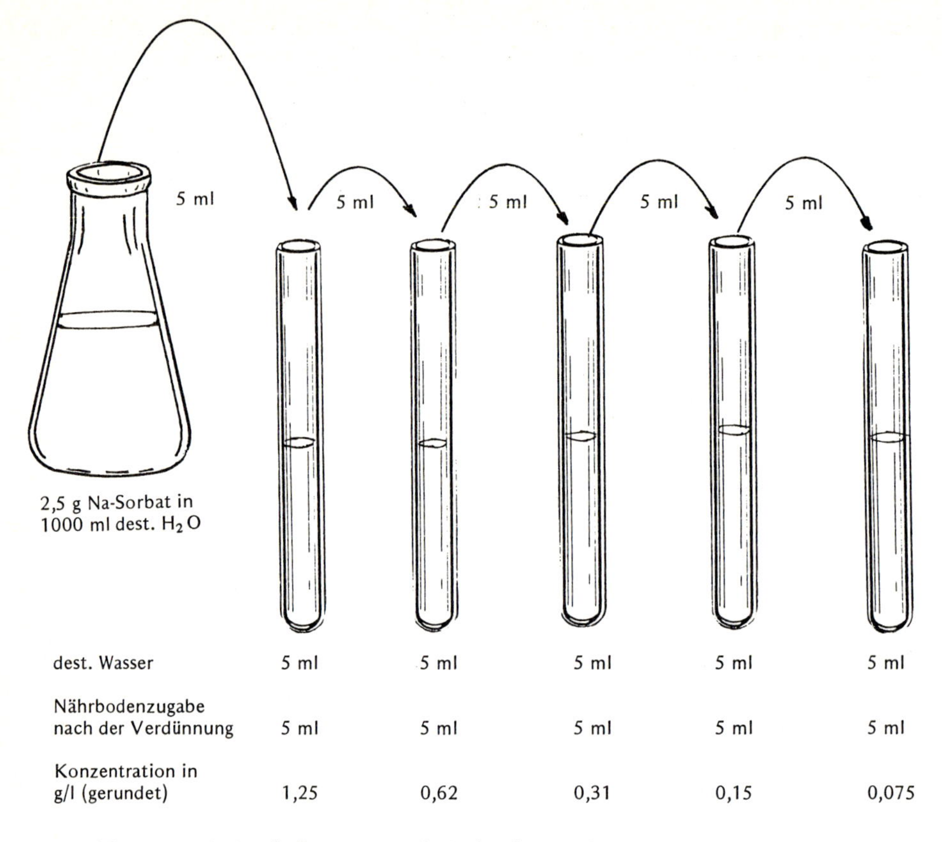

Abb. 25. Beispiel: 2,5 g Na-Sorbat in 1000 ml H_2O

Ihre konservierende Wirkung ist je nach Mikroorganismenart sehr unterschiedlich. Auch die Propionsäure wirkt nur als undissoziertes Molekül. Propionsäure wird für die Schnittbrotkonservierung genutzt.

Bestimmung der Mindest- oder Grenzhemmkonzentration

Das Konservierungsmittel wird in einer definierten Konzentration (x g/ l) in dest. Wasser gelöst, die nach der beim Zusatz zum Lebensmittel eintretenden Verdünnung der zugelassenen Konservierungsstoffmenge entspricht.

Die Lösung wird mit Hilfe eines Membranfilters sterilfiltriert. Von dieser Lösung werden 5 ml entnommen und in einem sterilen Reagenzglas mit 5 ml sterilem dest. Wasser gut vermischt. Von dieser Mischung werden wiederum 5 ml entnommen und mit 5 ml sterilem dest. Wasser vermischt usw.; insgesamt sollen 5 Verdünnungsstufen angesetzt werden. Es ergeben sich dadurch fallende Konzentrationsstufen, die jeweils die Hälfte der vorhergehenden Konservierungsmittelmenge enthalten.

Zu jedem Reagenzglas werden dann 5 ml einer doppelt konzentrierten Nährlösung pipettiert. Als Kontrolle läuft ein Röhrchen mit 5 ml dest. Wasser und 5 ml doppelt konzentrierter Nährlösung mit.

In jeder der 5 Konservierungsstoff-Konzentrationen werden 0,1 ml einer stark bewachsenen, 1 : 10 verdünnten Bouillonkultur des entsprechenden Testkeims inokuliert. Die Bebrütung erfolgt bei der Optimaltemperatur des Testkeims für 24 - 72 h.

Als Mindest- oder Grenzhemmkonzentration wird die Konzentrationsstufe gewertet, die über der des ersten bewachsenen (getrübten) Röhrchens, der in abfallender Konzentration angelegten Reihe, liegt.

Ein Beispiel wird durch die vorstehende Abbildung 25 verdeutlicht.

Antibiotika

Antibiotika findet man hauptsächlich in tierischen Lebensmitteln wie Fleisch und Milch, da sie in zugelassenen Höchstmengen dem Mastfutter von Rindern, Schweinen und Geflügel zur Verhütung von Infektionskrankheiten und zur besseren Futterverwertung zugesetzt werden dürfen. Die Verfütterung von bzw. therapeutischen Behandlung mit Antibiotika muß rechtzeitig vor der Schlachtung der Tiere eingestellt werden. Dadurch können die Hemmstoffe im tierischen Körper abgebaut oder ausgeschieden werden, so daß keine nachweisbaren bzw. bedenklichen Rückstandsmengen davon im Lebensmittel verbleiben.

Je nach Art und Menge des Hemmstoffes im Nahrungsmittel kann es

- zu Resistenzerhöhung von Mikroorganismen,
- zur Beeinträchtigung bakterieller Fermentationsvorgänge

kommen.

Agardiffusions-Verfahren

Ein Testbakterium mit bekannter Sensibilität gegenüber Hemmstoffen wird in einen Nährboden eingemischt und in Petrischalen gegossen. Auf die erstarrte Nährbodenfläche werden erbsengroße Lebensmittelproben aufgelegt.

Sind flüssige Nahrungsmittel, wie z.B. Milch zu überprüfen, müssen Löcher in den Nährboden gestanzt werden. Dazu bedient man sich eines am Rand abgeflammten Reagenzglases. Mit dem sterilen Rand werden die Löcher ausgestanzt und die Agarzylinder mit einem abgeflammten Spatel herausgehoben. In diese Bassins kann nun die flüssige Probe pipettiert werden.

Es besteht auch die Möglichkeit, mit Probematerial vollgesaugte Filterpapierblättchen auf den Nährboden zu legen.

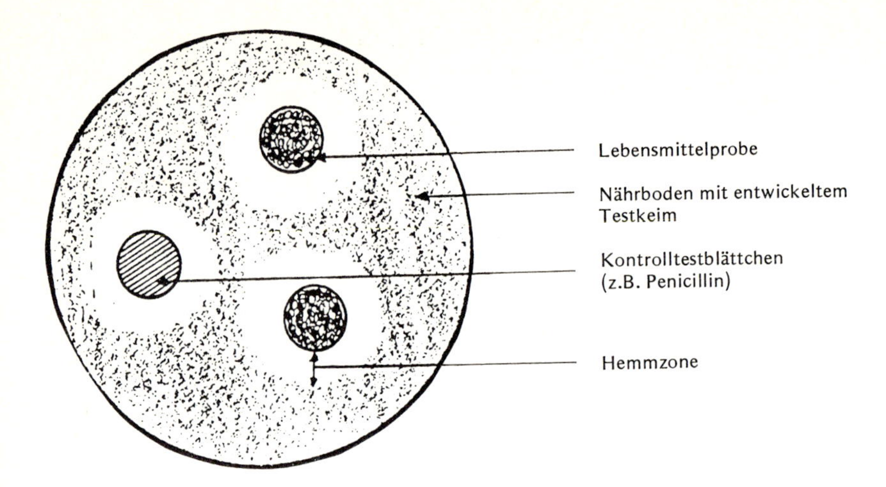

Abb. 26. Darstellung einer Agarplatte mit Lebensmittelprobe und Kontrolltestblättchen

Bei quantitativen Hemmstofftests werden Testblättchen mit definierten Mengen eines Antibiotikums mit auf den Nährboden gelegt. Durch Vergleich der Hemmhofgröße kann eine Aussage über die Menge des betreffenden Antibiotikums gemacht werden.

Die so präparierten Nährböden werden im Brutschrank bebrütet und nach ca. 18 - 24 h ausgewertet (Abb. 26).

Eine Hemmzone von $\geq$ 2 gilt als positives Indiz für die Anwesenheit von Hemmstoffen im Lebensmittel. Hemmzonen von < 2 bis 1 mm gelten als zweifelhafter, kein Hemmhof als negativer Nachweis.

Arten von Antibiotika - Tests

- Hemmstofftest mit *B. subtilis* (BAUR 1975)
- Rückstandstest nach KUNDRAT mit *B. stearothermophilus* (KUNDRAT 1968, 1972)
- Hemmstoffe in Milch mit *B. stearothermphilus*, Stamm C 953 (amtl. Sammlung v. Untersuchungsverf. nach § 35 LMBG)

Desinfektionsmittel

Unabhängig von vorgeschriebenen Prüfmethoden, ist es sinnvoll, auf die spezifische betriebseigene Mikroorganismenflora abgestimmte Prüfmethoden zu entwickeln; z.B. für spezifische Lebensmittel-Verderbniserreger einzelner Lebensmittelbranchen.

- Feinkost-, Getränke- und Süßwarenindustrie	Hefen und Schimmelpilze, insbesondere xero- und osmophile, Säure- und Schleimbildner
- Milch-, Fleischindustrie	Staphylokokken, Clostridien, Enterobakteriaceen, insbesondere Salmonellen und Shigellen, Enterokokken
- Backwarenindustrie	Sporenbildner und Schimmelpilze

Folgende Überprüfungen auf mikrobizide Eigenschaften eines Desinfektionsmittels sind angezeigt:

- Empfohlene Gebrauchsverdünnung, minimal wirksame Verdünnung;
- Unterschiedliche Anwendungstemperaturen (z.B. bei 20, 40, 60, 70°C);
- Unterschiedliche Einwirkzeiten (z.B. 30 s, 1, 5, 10, 30 und 60 min);
- Unterschiedliche Testorganismen (Hefen, Schimmelpilze, Bakterien, Sporenbildner);
- Eiweißzusatz zur Bestimmung des 'Eiweißfehlers' (Zusatz von Blutserum).

Suspensionsversuch

Zur Überprüfung der vorher genannten fünf Punkte eignet sich der Suspensionsversuch.

Von den ausgewählten Testkeimen werden 18 - 24 h alte, gut gewachsene und mehrfach passagierte Kulturen verwandt. Man bestimmt anschließend die Keimzahl pro Milliliter des flüssigen Anzüchtungsmediums. Die Keimzahlbestimmung kann mit Hilfe einer definierten optischen Dichte oder vereinfacht durch ein Koloniezählverfahren, z.B. Plattengußverfahren, ermittelt werden.

Die Testkeime werden mit dem Desinfektionsmittel in Kontakt gebracht. Um einzelne Abhängigkeiten der mikrobiziden Wirksamkeit eines Desinfektionsmittels abzuklären, müssen mehrere parallele Untersuchungsreihen angesetzt werden; so wie bereits erwähnt, die Feststellung der Desinfektionsmittelkonzentration, Anwendungstemperatur, Einwirkzeit usw.

Für die Reihen zur Bestimmung des Eiweißfehlers empfiehlt sich ein Blutserum-Zusatz von 20%.

Je nach Fragestellung wird jeder der angesetzten Parallelreihen das gleiche Inokulum (10^6 - 10^8 Keime pro 10 ml Desinfektionsmittelansatz) zugesetzt und nach festgelegten Einwirkungszeiten das Keiminokulum auf ein festes Medium ausgespatelt und die Zahl der überlebenden Keime, nach entsprechender Bebrütung, ausgezählt.

Für den qualitativen Nachweis benutzt man flüssige Medien und kontrolliert, ob eine Trübung, also Wachstum erkennbar ist.

Selbstverständlich müssen neben den Versuchsreihen mit Desinfektionsmitteln sogenannte Blindproben der gleichen Keimart mit Leitungswasser mitlaufen, um eine Schädigung der Mikroorganismen allein, z.B. auf Grund eines erhöhten Chlorgehaltes, auszuschließen.

Eine Subkultivierung auf festen Medien kann durch das Plattentropf-Verfahren vereinfacht werden. Da jedoch geringe Desinfektionsmittelmengen mit dem Inokulum auf die Platten gebracht werden, sollte die Platte in vier Felder aufgeteilt werden. Die Tropffläche kann durch ein vorsichtiges Schräghalten der Platte zusätzlich vergrößert werden.

Ausgewählte Nährböden, Reaktionsmedien, Seren

Der mikrobiologische Untersuchungsumfang eines Lebensmittels hängt von mehreren Faktoren ab. Einerseits ist festzustellen, ob und wieviel Keime im Lebensmittel vorhanden sind, andererseits um welche Keime es sich handelt. Eine weitere Fragestellung gilt der Anforderung an Genauigkeit und Ausführlichkeit der zu stellenden Diagnose.

Die Ermittlung der Gesamtkeimzahl ist da von Bedeutung, wo für Lebensmittel verbindliche Grenzwerte festgelegt sind. Unter Gesamtkeimzahl bzw. koloniebildende Einheiten versteht man in der Lebensmittelmikrobiologie die Anzahl lebender, vermehrungsfähiger, aerober, mesophil wachsender Keime in einer bestimmten Menge Untersuchungsmaterial. Für die Gesamtkeimzahl wählt man Nährböden mit einem möglichst breiten Nährstoffangebot. Es muß jedoch berücksichtigt werden, daß man auch bei einem Breitbandnährboden nicht in jedem Fall die absolute Gesamtkeimzahl erhält, da unter den gegebenen Bedingungen eines bestimmten Nährmediums nicht immer alle vorhandenen Keime zur Kolonienbildung gelangen, sondern nur die dem Milieu entsprechenden.

Ein Gesamtkeimzahl-Nährboden, also ein Kollektiv-Medium, gestattet zwar keine Selektion von Mikroorganismen, doch durch gewählte Bebrütungstemperaturen von 7, 30 - 37 und über 37°C lassen sich psychro-, meso- und termophil wachsende Keime orientierend unterscheiden.

Die verschiedenen Keimarten bestimmt man hingegen auf den hierfür geeigneten Auslese- bzw. Selektivnährböden.

Wird mit einem geringen Vorkommen des gesuchten Keims im Lebensmittel gerechnet, so wird dieses zunächst in ein Anreicherungsmedium gebracht. Anreicherungsnährböden sind in der Regel flüssige oder halbfeste Medien. Sie ermöglichen den gesuchten Mikroorganismen ein gutes Wachstum und eine ungehinderte Vermehrung. Durch die Zusammensetzung der Anreicherungsmedien wird meist eine unerwünschte Begleitflora unterdrückt. Vom Anreicherungsmedium oder direkt vom zu untersuchenden Lebensmittel ausgehend, wird auf Auslesenährböden überimpft. Diese verhindern durch selektiv wirkende Zusätze das Wachstum der unerwünschten Begleitflora (Selektiv-Nährböden) oder sie gestatten das Wachstum mehrerer Keimarten und das gleichzeitige Erkennen interessierender Kolonien (Elektiv-Nährböden).

Ist der Nachweis nur über eine Anreicherung möglich, kann keine verbindliche Aussage über einen bestimmten Keimgehalt gemacht werden (Ausnahme: indirekte Zählung gemäß Titer- und MPN-Technik).

Für eine Reihe von Fragestellungen ist die Untersuchung hiermit eventuell abgeschlossen. Ist jedoch eine exakte Diagnose erforderlich, so wird nach Gewinnung einer Reinkultur des fraglichen Keims dieser auf oder in Differenzierung-Medien gebracht.

Mikroskopische, biochemische und serologische Paralleluntersuchungen ergeben weitere Aufschlüsse über Unterscheidungen.

Nährböden, Reaktionsmedien und Seren

Für die Bestimmung einzelner Mikroorganismenarten in verschiedenen Nahrungsmitteln haben sich nachstehende Nährböden, Medien und Seren bewährt.

Untersuchung von	Medium	Mikroorganismus
Lebensmittel, allg.	Plate Count Agar	Gesamtkoloniezahl
	Standard Agar	
	Caseinpepton-Sojapepton Agar	
	Kristallviolett-Neutralrot-Galle-Glukose Agar	Enterobacteriaceae
	Kristallviolett-Neutralrot-Galle Agar	
	Endo Agar	
	SIM-Nährboden	
	Mc Conkey Agar	
	MR-VP Bouillon	
	Enterobacteriaceen Anreicherungsbouillon	
	Caseinpepton-Sojamehlpepton-Voranreicherungsbouillon	*Salmonella*
	Tetrathionat Anreicherungs-bouillon	
	Selenit Anreicherungsbouillon	
	Brillantgrün-Phenolrot-Laktose-Saccharose Agar	
	Hectoen Agar	
	XLD Agar	
	Salmonella-Shigella Agar	
	Wismut-Sulfit Agar	
	Dreizucker Eisen Agar	
	KCN Bouillon	

Untersuchung von	Medium	Mikroorganismus
Lebensmittel, allg. (Fortsetzung)	Lysindecarboxylase Bouillon	
	Saccharose Bouillon	
	Baird Parker Agar	*Staphylococcus*
	DNase Agar	
	Staphylokokken Anreicherungsbouillon	
	Vogel Johnsen Agar	
	M-*Enterococcus* Agar	Enterokokken
	Citrat-Azid-Tween-Carbonat Agar	
	Kanamycin-Azid-Agar	
	Perfringens Selektiv Agar	*Clostridium*
	Clostridien Agar (RCM)	
	Azid-Blut-Agar (Basis)	
	Hirn-Herz Infusion Agar	
	Leber-Leber Bouillon	
	Cereus Selektiv Agar	*Bacillus cereus*
	Cetrimid Agar	*Pseudomonas*
	Sabouraud Nährböden	Hefen und Schimmelpilze
	Czapek Dox Agar	
	Kartoffel Glukose Agar	
	Würze Agar	
Zucker	Kohlenhydratfreier Pepton Agar	Hefen und Schimmelpilze
Getränke und Fruchtsäfte	Plate Count Agar	Gesamtkoloniezahl
	Lactobacillus-Selektiv Agar	Lactobacillaceae
	Tomatensaft Agar	
	M-*Enterococcus* Agar	Enterokokken
	Orangenserum Agar	Hefen, Lactobacillaceae
Eiprodukte Anl. 2 zur Eiprodukte-VO vom 19.Feb.1975	Plate Count Agar	Gesamtkeimzahl

Untersuchung von	Medium	Mikroorganismen
Eiprodukte (Fortsetzung)	Enterobacteriaceen Anreicherungsmedium nach MOSSEL	Enterobacteriaceen
	Kristallviolett-Galle-Laktose Agar mit Glukosezusatz	
	gepuffertes Peptonwasser	*Salmonella*
	Tetrathionat-Brillantgrün-Galle Bouillon nach MULLER/KAUFFMANN	
	Brillantgrün-Phenolrot-Laktose Agar	
	Gaßner Agar	
	Salmonella-Shigella Agar	
	Bromkresolpurpur-Laktose Agar	
	Lackmus-Laktose-Kristallviolett Agar	
Milchprodukte	Standard Agar	Gesamtkoloniezahl
	Plate Count Agar	
	Chinablau Laktose Agar	
	Lactobacillus Selektivagar	Lactobacillaceae
	M-*Enterococcus* Agar	Enterokokken
	Kanamycin-Azid-Agar	
	Baird Parker Agar	*Staphylococcus*
	Brillantgrün-Galle-Laktose Bouillon	Coli Titer
	Tributyrin Agar	Lipolyten
	Enterobacteriaceen Anreicherungsbouillon	Enterobacteriaceae
	Kristallviolett-Neutralrot-Galle-Glukose Agar	
	Mc Conkey Agar	
	Simmons Citrat Agar	
Speiseeis	Plate Count Agar	Gesamtkoloniezahl
	Standard Agar	
	Kartoffel Glukose Agar	Hefen und Schimmelpilze

Untersuchung von	Medium	Mikroorganismus
Speiseeis (Fortsetzung)	Würze Agar	Hefen und Schimmelpilze
	Sabouraud Nährböden	
	M-*Enterococcus* Agar	Enterokokken
	Citrat-Azid-Tween-Carbonat Agar (Basis)	
	Kanamycin-Azid-Agar	
	Baird Parker Agar	*Staphylococcus*
	DNase Agar	
	Enterobacteriaceen-Anreicherungs Bouillon	Enterobacteriaceae
	Brillantgrün-Galle-Laktose Bouillon	
	Kristallviolett-Neutralrot-Galle Agar	
	Desoxycholat-Citrat-Laktose Agar	
	MR-VP Bouillon	
	Caseinpepton-Sojamehlpepton Voranreicherungsbouillon	*Salmonella*
	Tetrathionat Anreicherungsbouillon	
	Selenit Anreicherungs-Bouillon	
	XLD-Agar	
	Hektoen Agar	
	Wismut-Sulfit Agar	
	Salmonella-Shigella Agar	
	Brillantgrün-Phenolrot-Laktose Saccharose Agar	
	Lysindecarboxylase Bouillon	
	Harnstoffbouillon	
	KCN Bouillon	
	Dreizucker Eisen Agar	
Wasser	Plate Count Agar	Gesamtkoloniezahl
	Brillantgrün-Galle-Laktose Bouillon	Coliforme
	Mc Conkey Agar	
	Endo Agar	
	Cetrimid Agar	*Pseudomonas*

Untersuchung auf Hemmstoffe in	Nährboden	Sensibilitätsorganismus
Fleisch	Testagar pH 6 Testagar pH 8	*Bacillus subtilis* BGA
Fleisch und andere vom Tier stammende Nahrungsmittel	Testagar für den Antibiotika-Sulfonamide-Rückstandstest nach KUNDRAT	*Bacillus stearothermophilus*
Milch	Plate Count Agar	*Bacillus stearothermophilus var. caldidolactis* Stamm C 953

Seren und Plasma für die Diagnose von:

- Salmonellen[2]

  Antigen-Testseren für die orientierende Salmonellendiagnose

omnivalent	erfaßt die Salmonellengruppen	A - 60
polyvalent I	erfaßt die Salmonellengruppen	A - E_4
polyvalent II	erfaßt die Salmonellengruppen	F - 60
polyvalent III	erfaßt die Salmonellengruppen	61 - 65

  Phagensuspension

  polyvalenter 0-1-Phage

- Clostridien

  Clostridium perfringens Antiserum Typ A

- Staphylokokken

  Kaninchenblutplasma mit Ethylendiamintetraessigsäure (EDTA) für den Koagulase-Test auf *Staphylococcus aureus*

---

[2]Eine Differenzierung von Krankheitserregern ist für den lebensmittelmikrobiologisch Tätigen nicht relevant, eine Verdachtsdiagnose ist durch autorisierte Laboratorien zu bestätigen bzw. zu entkräftigen.

Beim Umgang mit Krankheitserregern sind die §§ 19 - 29 BSeuchG (Genehmigungspflicht) zu beachten!

Nachweismethoden

Der Rat der Europäischen Gemeinschaften, Blatt Nr. C 252; 1981, schlug u.a. folgende Empfehlung vor:

> "Methoden mit breitem Anwendungsgebiet sind denen vorzuziehen, die nur für bestimmte Waren geeignet sind. Methoden zur Untersuchung schnell verderblicher Nahrungsmittel sollten so konzipiert sein, daß die Ergebnisse vor Vermarktung der Ware vorliegen."

Fast alle bekannten Prüfmethoden ähneln sich, oft unterscheiden sie sich in fast unwichtig erscheinenden Nuancen. Der in der Routineuntersuchung tätige Lebensmittelmikrobiologe wird ohnehin, anhand von Versuchen, nicht umhin kommen, Methoden für "seine" Nahrungsmittel zu entwickeln. Kenntnisse der Technologie und der Rezeptur der Produkte sind dabei unumgänglich.

Es soll an dieser Stelle nochmals darauf aufmerksam gemacht werden, daß "Versuche mit Krankheitserregern" nicht in Betriebslaboratorien durchgeführt werden dürfen. Für den lebensmittelmikrobiologisch Tätigen genügt eine Verdachtsdiagnose, die in Speziallaboratorien bestätigt oder entkräftet wird.

Gesamtkoloniezahl

Nach der Homogenisation des Nahrungsmittels und dem Anlegen einer dezimalen Verdünnungsreihe, im allgemeinen bis zur Verdünnungsstufe 10^{-6}, werden Nähragarplatten mit breitem Nährstoffprofil im Plattenguß-, Oberflächenspatel- oder Plattentropf-Verfahren beimpft.

Über die Wahl der Bebrütungstemperatur und Auswahl der Nährböden ist eine gewisse Selektion in psychro-, meso- und thermophile Mikroorganismen möglich. Nach einer Bebrütungszeit von 2 - 3 Tagen, beim Nachweis von Psychrophilen 6 Tage, sind folgende orientierende Übersichtsuntersuchungen durchzuführen bzw. Aussagen zu treffen:

- Beschreibung der makroskopischen Koloniemorphologie;
- Pigmentierung der gewachsenen Kolonien;
- Beschreibung der mikroskopischen Keimmorphologie;
- Ermittlung des Gram-Verhaltens mittels Färbung, KOH (Kalilauge)- und Aminopeptidase-Test

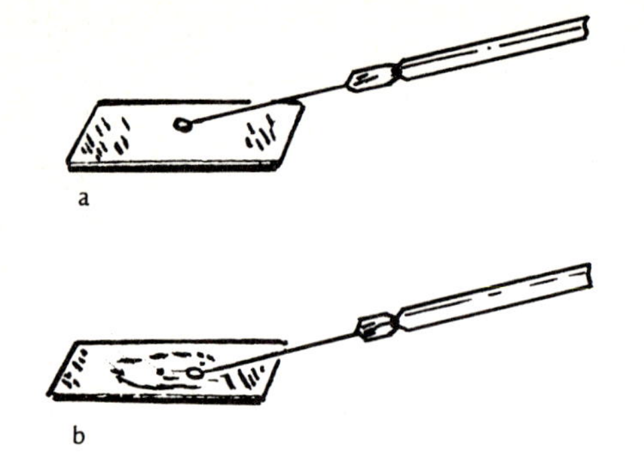

Abb. 27a-c. Durchführung des KOH-Tests. a) Auftragen von 2 - 3 Tropfen KOH und einer zu prüfenden Kolonie auf einen sauberen Objektträger; b) Verreiben der KOH und der Kolonie zu einer Suspension; c) Vorsichtiges Abheben des Tropfens, hier Schleimbildung (KOH-positiv = gram-negativ)

Unterscheidung gramnegativer und -positiver Bakterien mittels KOH-Test

Wie schon im Kapitel 'Färbeverfahren' (s. S. 58) beschrieben, gilt die Gramfärbung als wichtigste Färbung für eine Bakterieneinteilung hinsichtlich gramnegativer und grampositiver Stämme.

Der KOH-Test soll und kann die Gramfärbung keinesfalls ersetzen, ist jedoch bei zweifelhaften Gramfärbungen eine zusätzliche Hilfe; auch als Schnellverfahren für eine grobe Übersichtsuntersuchung bietet dieser Test einen ausreichenden Aussagewert.

GREGERSEN (1978) prüfte diesen Test auf seine Eignung. Dabei wurden 55 gramnegative und 71 grampositive Stämme überprüft. Während alle gramnegativen Stämme eine positive KOH-Reaktion ergaben, wurde eine derartige Reaktion unter den als grampositiv bezeichneten Bakterien nur bei einem Stamm von *Bacillus macerans* beobachtet. Allerdings erwies sich auch dieser Stamm bei der Gramfärbung als gramnegativ.

Nach Untersuchungen von OTTE et al. (1979) waren von 1435 grampositiven Milchstämmen 95,5% KOH-negativ, von 220 gramnegativen 175 bzw. 79,6% KOH-positiv.

Durchführung und Prinzip der Methode (Abb. 27)

1 - 2 Tropfen einer 3%igen Kalilauge werden auf einen sauberen Objektträger mit einer oder mehreren Kolonien verrieben. Nach

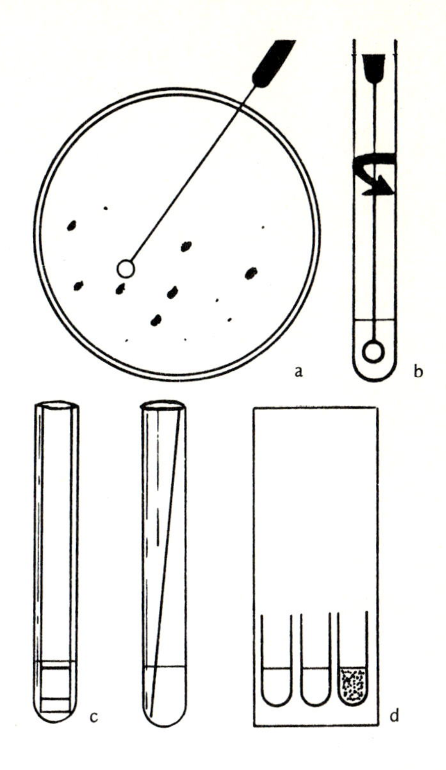

Abb. 28a-d. Schema zum Aminopeptidase-Test. a) Mit der ausgeglühten und abgekühlten Impföse einzeln liegende, gut gewachsene Kolonie dem Nährboden entnehmen; b) Bakterienmasse in kleinem Reagenzröhrchen in 0,2 ml dest. Wasser gut suspendieren; c) Aminopeptidase-Teststäbchen so in das Reagenzröhrchen einbringen, daß die Reaktionszone völlig in die Bakteriensuspension eintaucht; d) Inkubation des Reagenzröhrchens im Wasserbad (oder Brutschrank) bei 37°C über 10 bis max. 30 min. *(links)*; Ablesen der Reaktion durch Vergleich mit der Farbskala *(rechts)*

etwa 5 - 10 s hebt man die Impföse oder Impfnadel, mit der verrieben wurde, vorsichtig vom Tropfen ab. Kommt es zur Schleimbildung (Fadenziehen), so liegt eine positive Reaktion vor. Die aufgenommene Kolonie ist gramnegativ oder zumindest verdächtig gramnegativ zu sein.

Die Schleimbildung kurz nach dem Verreiben von Koloniematerial in der Kalilauge ist vermutlich auf die Zerstörung der Bakterienzellwand und damit bedingte Freisetzung von Desoxyribonucleinsäure zurückzuführen.

Aminopeptidase-Test zur Überprüfung des Gramverhaltens gramnegativer und grampositiver Bakterien

CERNY (1976, 1978) entwickelte den L-Alanin-Aminopeptidase-Test. Dieser Schnelltest basiert auf Unterschieden in der Zusammensetzung der Zellhülle von Bakterien. Untersuchungen an einer großen Reihe von Bakterien zeigten, daß die weitaus meisten gramnegativen Bakterien das Enzym L-Alanin-Aminopeptidase in relevanter Menge enthalten, während praktisch alle grampositiven oder gram-variablen Bakterien keine oder höchstens eine schwache Enzym-Aktivität zeigten.

Dies bedeutet, daß durch den Aminopeptidase-Test nahezu alle in der Praxis interessierenden Bakterien sich umgekehrt zur Gram-

Reaktion verhalten, nämlich:

- grampositiv = Aminopeptidase-negativ
- gramnegativ = Aminopeptidase-positiv

Prinzip und Durchführung der Methode

Die L-Alanin-Aminopeptidase spaltet die Aminosäure L-Alanin aus unterschiedlichen Substraten ab. Bei den käuflich zu erwerbenden Bactident-Aminopeptidase-Teststäbchen (MERCK 13301) wird das Substrat L-Alanin-4-nitroanilid bei Anwesenheit von Alanin-Aminopeptidase in 4-Nitroanilin und die Aminosäure L-Alanin gespalten. Aufgrund der Gelbfärbung durch das 4-Nitroanilin wird die Anwesenheit der L-Alanin-Aminopeptidase nachgewiesen.

Für den Aminopeptidase-Test sollten vor allem von indikator- oder farbstoff-freien Nährböden abgenommene Kolonien verwendet werden. Von einer Durchführung des Tests mit Kolonien mit starker Eigenpigmentierung wird abgeraten.

Eine gut gewachsene Einzelkolonie wird in 0,2 ml dest. Wasser zu einer deutlichen Opaleszenz suspendiert. Das vorstehende Schema (Abb. 28) verdeutlicht den weiteren Arbeitsgang.

Eindeutige Aussagen werden bei praktisch allen in der Praxis vorkommenden Keimen erhalten, insbesondere bei Bakterien die zu gramvariablen Reaktionen neigen, bspw. *Bacillus-species* (CARLONE et al. 1982).

Überprüfung der mikroskopischen und makroskopischen Keim- bzw. Koloniemorphologie

Unter Morphologie versteht man die Lehre von der Form und Struktur der Körper.

Neben der Formgebung und Gestalt der Mikroorganismen im mikroskopischen Bereich, welche eine erste grobe Einteilung ermöglicht, kennt man noch die sogenannte makroskopische Kolonienmorphologie.

Formgebung im mikroskopischen Bereich

Nach der äußeren Gestalt, die starr und unveränderlich ist, werden unterschieden:

- Bakterien mit stäbchenförmiger Gestalt, wobei verschiedene Längen und die Dicke weitere Differenzierungen ermöglichen (Abb. 29a-e).
- Bakterien mit kugelförmiger Gestalt, wobei unterschiedliche Lagerungen bzw. Anordnungen eine weitere Unterteilung ermöglichen (Abb. 30a-e).

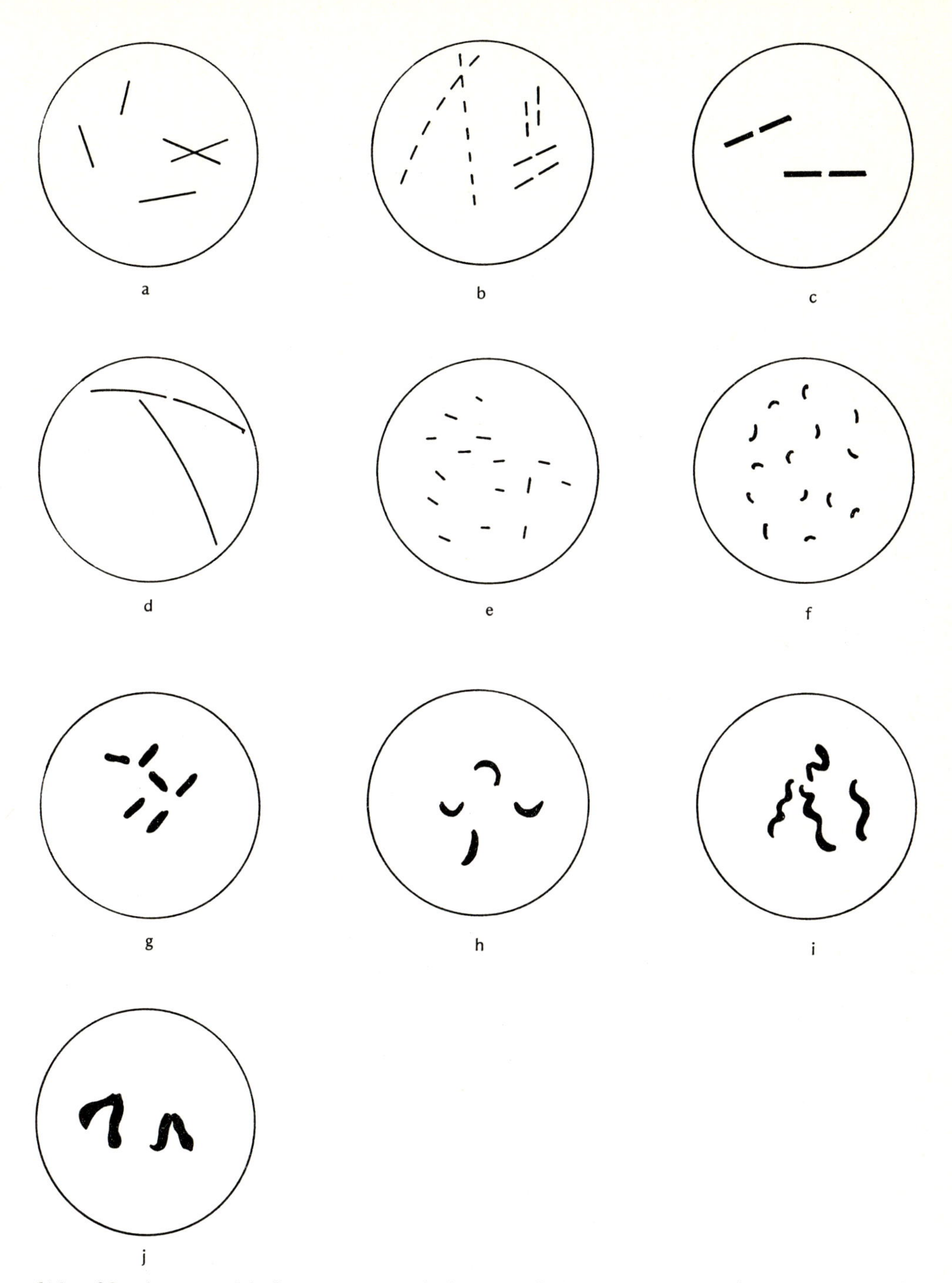

Abb. 29a-j. Verschiedene Formen einiger Stäbchenbakterien. a) Schlanke Stäbchen; b) Stäbchenkette/Diplobakterien; c) Dicke Stäbchen mit eckigen Enden; d) Gekrümmte Fadenstäbchen; e) Schlanke Kurzstäbchen; f) Gekrümmte, schlanke Stäbchen; g) Plumpe Stäbchen; h) Gewundene Stäbchen (z.B. Vibrionen); i) Plumpe Spirillen; j) Coryneforme Stäbchen

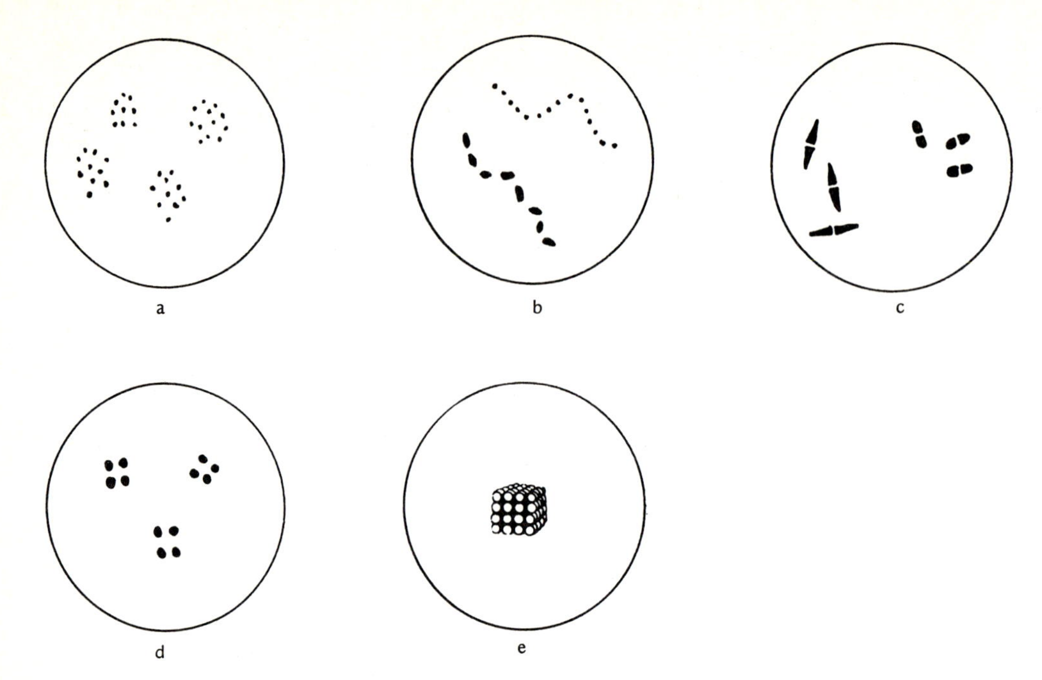

Abb. 30a-e. Verschiedene Formen und Anordnungen einiger Kugelbakterien. a) Kokken in unregelmäßiger Anordnung (Haufenkokken); b) Kugelige/eiförmige Kokken in Kettenformation; c) Lanzettförmige/semmelförmige Diplokokken; d) Viererkokken; e) Paketkokken

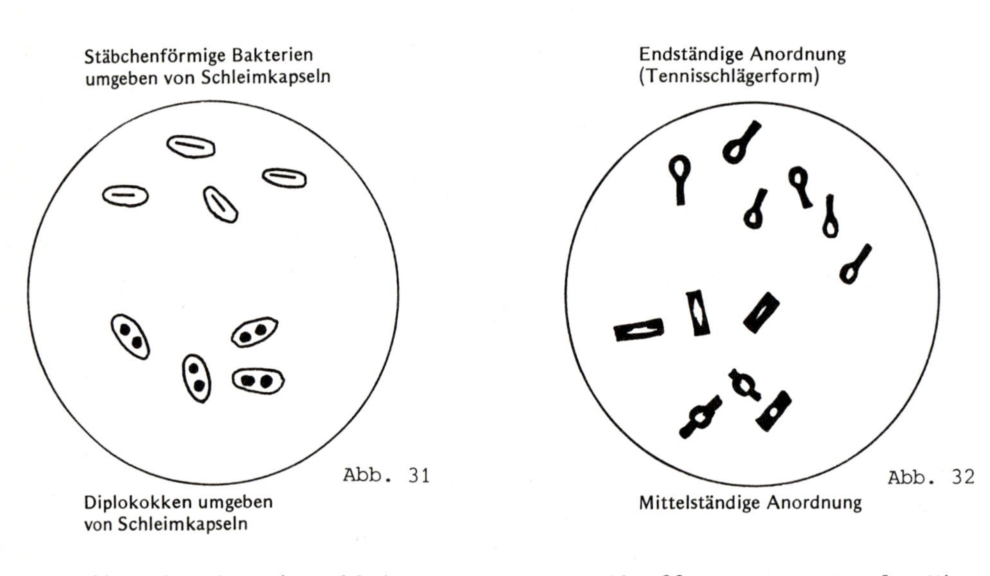

Abb. 31. Bakterien mit Schleimkapsel

Abb. 32. Sporen unter dem Mikroskop

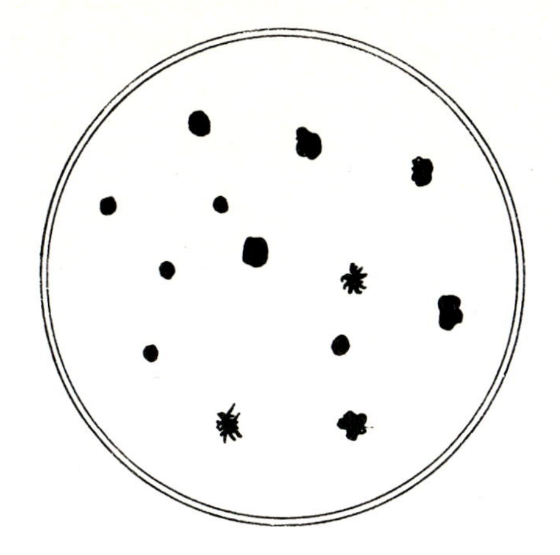

Abb. 33. Nähragarplatte mit Koloniewachstum. *Links:* Aufsicht; *rechts:* Seitenansicht

- Bakterien mit komaartiger oder schraubenförmig gewundener Gestalt (Abb. 29f,h,i).
- Bakterien mit Schleimkapseln umgeben (Abb. 31).
- sporenbildende Bakterien mit typischer Sporenlage (Abb. 32).

Die Abbildungen 29 - 32 zeigen schematische Darstellungen des mikroskopischen Bildes.

Koloniemorphologie

Auf Nährbodenplatten gewachsene Kolonien haben ein charakteristisches Aussehen, wodurch sie sich voneinander unterscheiden lassen (Abb. 33).

Die Abbildungen 34 - 36 zeigen typische Darstellungen von Koloniernändern und -umrissen sowie Erhebungen auf Nährböden.

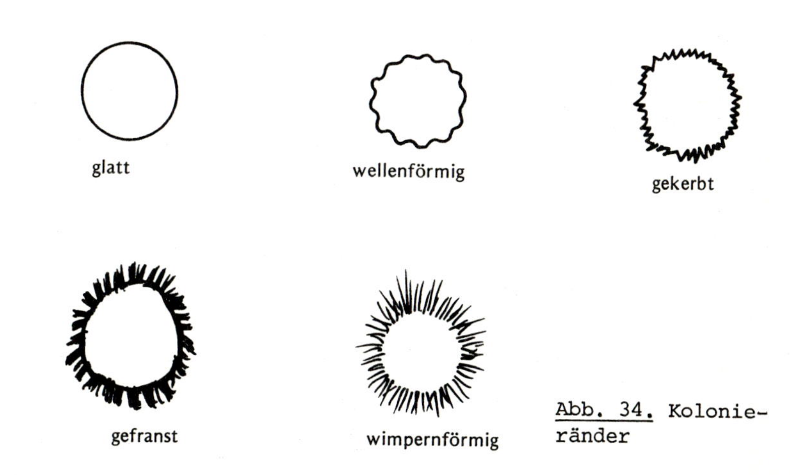

Abb. 34. Kolonieränder

Abb. 35. Kolonieformen

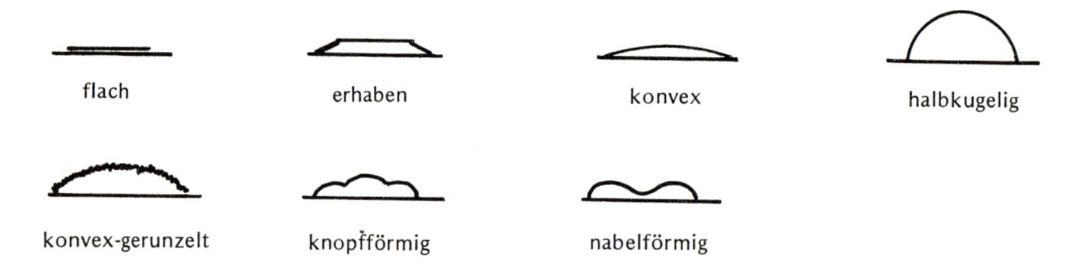

Abb. 36. Kolonieerhebungen

Überprüfung des Verhaltens von Bakterien gegenüber Sauerstoff

Wie bereits beschrieben, lassen sich Bakterien hinsichtlich des Verhaltens von Sauerstoff auf ihr Wachstum in 4 Gruppen einteilen, nämlich in:

- Aerobier	Wachstum nur in Gegenwart von O_2
- Anaerobier	Wachstum nur in Abwesenheit von O_2
- fakultative Anaerobier	Wachstum in Gegenwart und Abwesenheit von O_2
- Mikroaerophile	Wachstum in Gegenwart geringer O_2-Mengen, meist in CO_2-Atmosphäre

Da dieses Verhalten in vielen Fällen als diagnostisches Merkmal bei der systematischen Einordnung herangezogen wird, ist eine Überprüfung durch Anlegen von Hochschicht- und Stichkulturen notwendig (Abb. 37).

Standkultur in Hochschichtröhrchen

Mit dieser Methode wird das anaerobe Wachstum von Bakterien im gesamten Nährboden überprüft. Dazu wird 10 ml eines sterilen, auf ca. 40°C abgekühlten Standard-Agar in Reagenzgläschen gefüllt und anschließend 1 ml bzw. 0,1 ml der zu untersuchenden Probe oder Bakteriensuspension zugesetzt. Durch Rollen der Röhrchen zwischen den flachen Händen wird eine gute Durchmischung gewährleistet. Anschließend erfolgt eine Bebrütung von 3 - 5 Tagen bei 30 - 35°C.

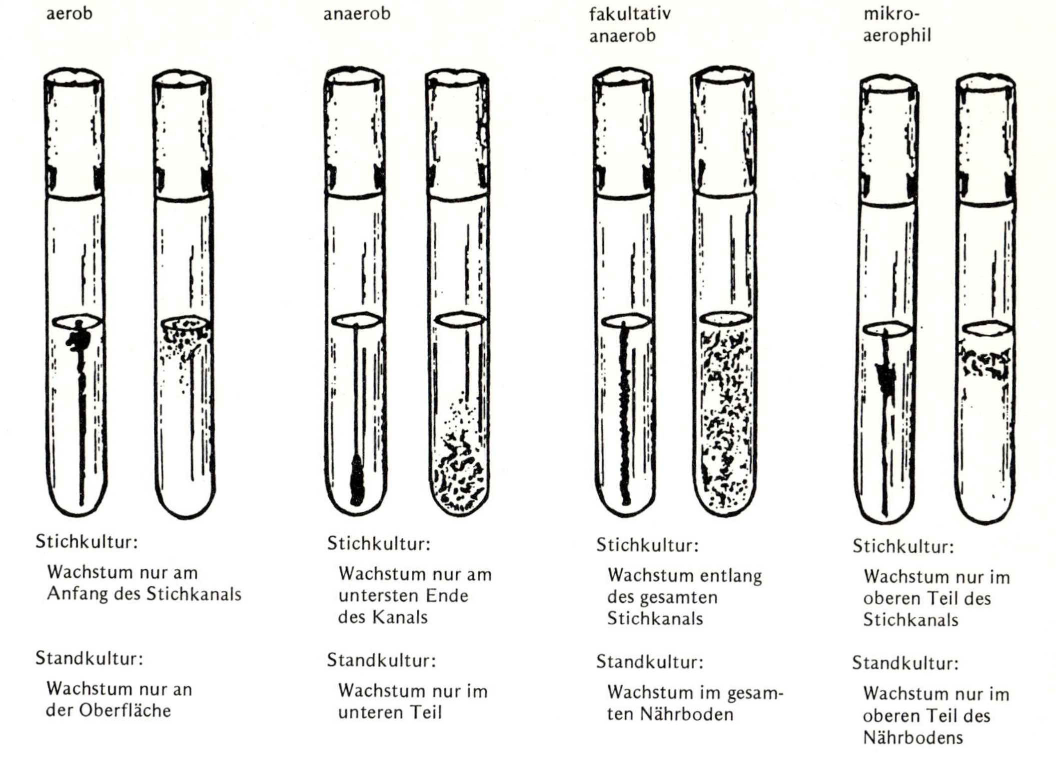

Abb. 37. Auswertung von Stich- und Standkulturen

Stichkultur in Hochschichtröhrchen

Reagenzröhrchen werden zu je 10 ml mit einem Kollektivagar-Nährboden gefüllt und sterilisiert. Nach Erkalten des Nährbodes erfolgt die Beimpfung durch einen Stich mit einer Platinnadel bis zum Boden des Röhrchens.

Pseudomonaden

Für den Nachweis von Pseudomonaden haben sich zwei Selektivnährböden bewährt. Nach Vorbereitung der Probe und Anlegen einer Verdünnungsreihe kann auf GSP-Agar (*Pseudomonas-Aeromonas*-Selektivagar nach KIELWEIN) und/oder Cetrimid-Agar kultiviert werden.

Auswertung

Die Auswertung der GSP-Agarplatten erfolgt nach einer Bebrütung von drei Tagen bei 25°C

Pseudomonas	große, 2 - 3 mm Durchmesser, blau-violette Kolonien, Umgebung rot-violett

Aeromonas	große, 2 - 3 mm Durchmesser, gelbe Kolonien, Umgebung gelb

Die Cetrimid-Agarplatten werden nach einer Bebrütung bis 48 h bei 42°C ausgewertet.

Pseudomonas aeruginosa-Kolonien bilden einen blau-grünen Farbstoff (Pyocyanin) und fluoreszieren im UV-Licht.

Identifizierung

Um aus einer Anzahl gewachsener Kolonien die Spezies *Pseudomonas aeruginosa* zu identifizieren, bedient man sich der Elektivnährböden *Pseudomonas*-Agar-F und *Pseudomonas*-Agar-P.

Die Nährbodenoberflächen werden mit verdächtigen *Pseudomonas*-Kulturen so beimpft, daß sich möglichst einzeln liegende Kolonien entwickeln können. Nach einer Bebrütung von 24, 48 und 72 h, sowie nach 6 Tagen erfolgt die Auswertung.

Nur *Pseudomonas aeruginosa* bildet auf *Pseudomonas*-Agar-P Kolonien mit einer Zone blauer bis grüner Pigmentierung durch Bildung des Farbstoffes Pyocyanin.

Auf *Pseudomonas*-Agar-F erscheinen die *Pseudomonas aeruginosa*-Kolonien dagegen mit gelber bis grüngelber Zone durch Bildung von Fluorescein.

Differenzierung

Sollen Pseudomonaden aus einer Reihe anderer gramnegativer Stäbchenbakterien differenziert werden, hilft der Oxidase- und der Arginindihydrolase-Test.

Oxidase-Test

Testreagenz nach KOVACS	1%ige wässrige Lösung von Tetramethyl-1,4-phenylendiamindihydrochlorid

1. Methode. Man gibt einige Tropfen Oxidase-Test-Reagenz auf ein Stück Filterpapier. Mit einer Platinöse (anderes Metall würde den Test beeinflussen) oder einem Glasstab streicht man eine aufgenommene Bakterienkultur auf das reagenzgetränkte Filterpapier. Nach ca. 5 - 10 s bildet sich bei der Anwesenheit von Pseudomonaden eine Purpurfärbung.

2. Methode. Bei dieser Methode tropft oder überflutet man das Testreagenz auf die Oberfläche der Bakterienkultur eines festen Nährbodens. Oxidase-positive Kolonien färben sich dabei rosa und werden nach 10 - 20 min dunkelrot, purpur bis schwarz.

Arginindihydrolase-Test (nach THORNLEY)

Testreagenz	Pepton	0,1	g
	K_2HPO_4	0,03	g
	Phenolrot	0,001	g
	NaCl	0,5	g
	L-Argininhydrochlorid	1,0	g
	Agar	0,3	g
	dest. Wasser	100,0	ml
		(pH 7,2)	

Alle zuvor genannten Bestandteile werden gelöst; die Lösung dann anschließend in Reagenzgläser verteilt und im Autoklaven bei 121°C für 15 min sterilisiert.

Von jeder zu identifizierenden Kolonie injiziert man etwas Material in die Reagenzgläser mit dem ausgekühlten Medium. Die Hälfte der Reagenzgläser werden mit reinem, flüssigen, sterilen Paraffin überschichtet.

Eine Bebrütung erfolgt bei 20°C für 7 Tage und bei 37°C für 2 Tage.

Bei Rotfärbung des Mediums (alkalische Reaktion) ist ein positives Resultat (Argininhydrolase und Ammoniakbildung) zu verzeichnen, es befinden sich *Pseudomonas* oder *Aeromonas* in den Reagenzgläsern.

Enterobakteriaceen

Sollen wenige Enterobakteraceen aus einer an Zahl überlegenen Begleitflora isoliert oder durch Hitze, Kälte, Salz, Säure o.ä. geschädigte Mikroorganismen dieser Familie nachgewiesen werden, so muß ein Anreicherungsverfahren angewandt werden.

Eine Schädigung der Keime erfolgt beispielsweise in Pökelwaren, bei unzureichender Pasteurisation von Eiprodukten, in tiefgekühlten Lebensmitteln.

Durch ein Anreicherungsverfahren soll eine Enterobakteriaceen-spezifische, selektive Wirkung durch das Anreicherungsmedium und durch eine geeignete Bebrütungstemperatur ein Milieu geschaffen werden, in dem sich Enterobakteriaceen optimal gegenüber anderen Mikroorganismen vermehren können.

Die Untersuchungsmenge für das Enterobakteriaceen-Anreicherungsverfahren sollte mindestens 25 g betragen.

Tabelle 7. Typische Reaktionen zur Differenzierung von Enterobakteriaceen

	Säure aus		Gas aus		H_2S Bildung	Harnstoffspaltung	Lysindecarboxylase	Indolbildung	Voges-Proskauer	KCN
	Laktose	Glukose	Laktose	Glukose						
Escherichia	+	+	+	+	–	–	+	+	–	–
Shigella	–	+	–	–	–	–	–	–/+	–	–
Salmonella	–	+	–	+/–	++/–	–	+	–	–	–
Arizona	(+)/–		–	+/–	++/–	–	+	–	–	–
Citrobacter	(+)		+	+	++	–	–	–	–	+
Klebsiella	+	+	+	+	–	+/–	+	–	+	+
Enterobacter	+	+	+	+	–	–	–	–	++	+
Serratia		+	+/–	+/–	–	–	+	–	+	+
Proteus	–	+	–	+/–	++	+	–	+ (–)	– (+)	+

Anmerkung: Die Röhrchen mit dem Kaliumcyanid-(KCN)-Substrat müssen gut verschlossen werden, weil sich sonst ein Teil des KCN bei der Bebrütung verflüchtigt und ein Ergebnis verfälscht würde.

+ : überwiegend positive Reaktion; – : überwiegend negative Reaktion; (+) : verzögerte bzw. selten positive Reaktion; +/– : überwiegend positive, auch negative Reaktion möglich; –/+ : überwiegend negative, auch positive Reaktion möglich; (–) : selten negative Reaktion

Anreicherungsmedien

Pepton-Phosphat-Puffer (Peptonwasser)

Dieses Medium dient nicht zur selektiven Enterobakteriaceen-Anreicherung, sondern allgemein zur Wiederbelebung hitze-, kälte-, NaCl-, säure- o.ä. geschädigter Keime.

Methodik. Mindestens 25 g bzw. ml des vorzerkleinerten Lebensmittels werden in mindestens 100 ml Pepton-Phosphat-Puffer-Lösung steril überführt, falls erforderlich elektromechanisch homogenisiert und anschließend 6 - 12 h bei 30°C bebrütet.

Danach entnimmt man 25 ml Anreicherungskultur und bringt diese zur selektiven Anreicherung in 225 ml Enterobacteriaceae-Enrichment Brühe (EEB) ein.

Enterobacteriaceae-Enrichment (EE)

Bei diesem Anreicherungsverfahren wird das Wachstum der meisten Mikroorganismen, die nicht zu den Enterobakteriaceen gehören, unterdrückt. Subletal geschädigte Zellen von Enterobakteriaceen, die durch physikalische oder chemische Behandlung der Lebensmittel geschädigt sind, können nicht in geeigneter Weise durch das EEB-Medium vermehrt werden.

Methodik. Mindestens 25 g oder ml vorzerkleinertes Untersuchungsmaterial werden in 225 ml EE-Anreicherungsmedium steril überführt und unter gelegentlichem Umschütteln 18 - 24 h bei 30°C bebrütet.

Anschließend entnimmt man aus der Anreicherungskultur mindestens eine Impföse Substrat und streicht dieses auf Selektivplatten aus.

Differenzierung von Enterobakteriaceen (Tabelle 7, S. 94)

Für die Differenzierung von Enterobakteriaceen bis zur Art stehen biochemische, serologische und außerdem aufwendige Phagen-Typisierungs-Verfahren zur Verfügung.

Meist genügen biochemische Differenzierungskriterien einer sogenannten "Bunten Reihe".

Schema einer Enterobakteriaceen-Untersuchung

25 - 100 Gramm Lebensmittel in

→ 225 - 900 ml folgender Anreicherungsmedien

a) Selektive Anreicherung

Enterobacteriaceae-Enrichment Brühe (EEB)
Inkubation 30°C / 18 - 24 h

b) nicht-selektive Voranreicherung

Pepton-Phosphatpuffer-Lösung
Inkubation 30°C / 6 - 12 h

b1) 25 ml dieser Voranreicherung in 225 ml EEB überführen
Inkubation 37°C / 18 h

→ Überimpfen auf Selektivplatten durch fraktionierten Ausstrich, z.B.

- Mc Conkey Agar
- Kristallviolett-Neutralrot-Galle-Glukose Agar

Enterobakteriaceen-verdächtige Kolonien beurteilen und Differenzierungsreihe anlegen

System-Differenzierung von Enterobakteriaceen

Die eigene Herstellung "Bunter Reihen" für die biochemische Differenzierung von Enterobakteriaceen ist sehr arbeitsaufwendig und somit kostenintensiv.

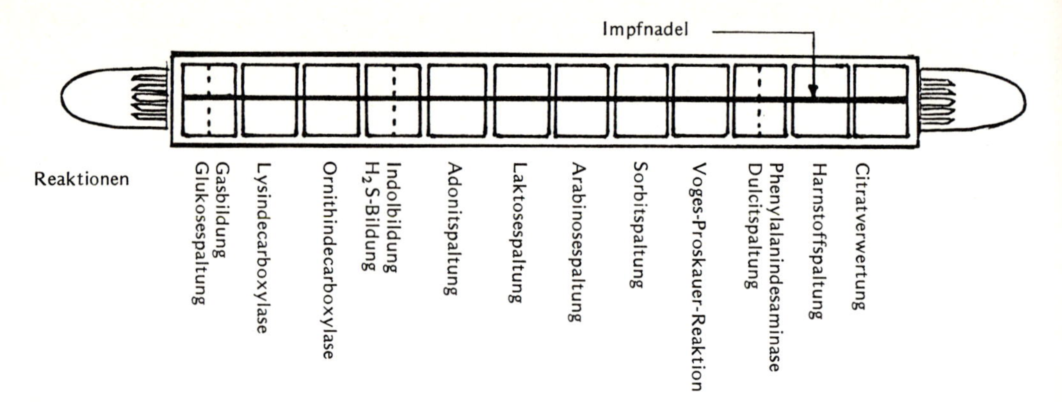

Abb. 38. Tube-System mit möglichen Reaktionen

In der Praxis haben sich daher fertige Systeme bestens eingeführt. Diese Systeme wie beispielsweise API -Biolog. Arbeitsgemeinschaft-; ENTEROTUBE -Hoffmann La Roche-; MICUR-IDENT -Boehringer, Mannh.- und MINITEK -BBL- sind über den Fachhandel erhältlich.

Die Systeme basieren auf Nährböden, aufgedampften Trockensubstraten in Reaktionskammern oder Reaktionstestblättchen.

Bei den "Trockensystemen" wird nach Herstellung einer Suspension, z.B. physiologische NaCl-Lösung mit einer verdächtigen Kolonie, Kammern bzw. Testblättchen beimpft und nach entsprechender Bebrütung anhand von Indikatorfarbumschlägen eingetretene Reaktionen ausgewertet. Die Auswertung mit Hilfe von Computer-Dateien erleichtert die Bestimmung des verdächtigen Keimes.

Das ENTEROTUBE-System (Abb. 38) besteht aus einem Röhrchen, welches in 12 Kammern – jede Kammer ist mit einem Spezialnährboden gefüllt – unterteilt ist. Eine Nadel, die durch alle Kammern reicht, dient der Beimpfung.

Durch Aufnehmen einer Einzelkolonie, direkt von der Agarplatte, mit Hilfe der Impfnadel und anschließendem Ziehen dieser Nadel durch die Kammern, werden alle Nährböden beimpft.

Coliforme Keime und *Escherichia coli*

Escherichia coli-Bakterien sind in Lebensmitteln unerwünscht und bei deren Nachweis ein Indiz für eine eventuelle fäkale Kontamination. Um auch geringe Keimzahlen nachzuweisen bedient man sich, wie beim allgemeinen Enterobakteriaceen-Nachweis, einer Anreicherung.

Selektivanreicherung

25 g Probematerial werden in 225 ml Brillantgrün-Galle-Laktose Brühe überführt und Verdünnungsstufen in fallenden Zehnerpotenzen

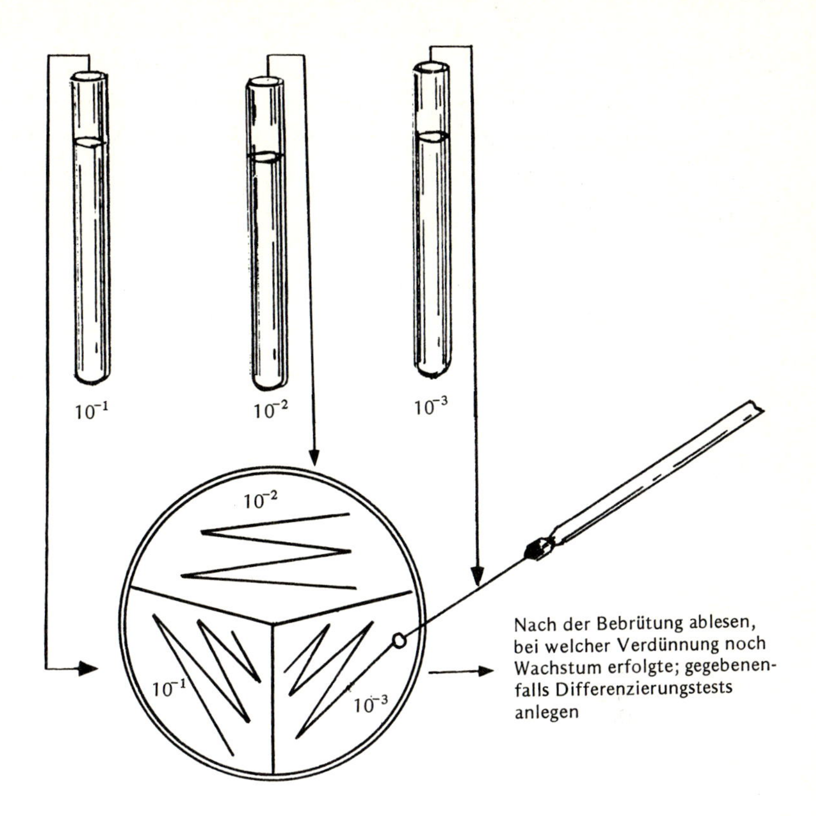

Abb. 39. Fraktionierter Ausstrich von drei Verdünnungsstufen auf einen Nährboden

angelegt. Nach einer Bebrütung von 24 - 48 h bei 37 bzw. 44°C *(E. coli)* erfolgt ein fraktionierter Ausstrich aus den einzelnen Verdünnungsstufen auf selektive Nähragarböden.

Fraktionierter Ausstrich

Je eine Impföse Material aus den einzelnen Verdünnungsstufen wird auf einen selektiven Nähragarboden ausgestrichen. Dabei können bis zu drei Verdünnungsstufen auf eine in drei gleiche Felder aufgeteilte Platte fraktioniert ausgestrichen werden (Abb. 39).

Als selektive Nährböden kommen u.a. Endo-, Mc Conkey-, Kristallviolett Neutralrot Galle- oder Brillantgrün Phenolrot Laktose Saccharose-Agar in Betracht.

Eine Inkubation von 24 - 48 h schließt sich an. Für eine Identifizierung empfehlen sich die anschließend beschriebenen Tests.

IMViC-Differenzierungs-Test

- I = Indol-Test
- M = Methylrot-Test
- V = Voges-Proskauer-Test
- C = Citrat-Test

Ausführung der 4 Bestimmungen

Indol-Test

Nährmedium:

Pepton (tryptisch abgebaut)	10 g
NaCl	5 g
dest. Wasser	1000 ml

Lösen durch Aufkochen, pH auf 7,2 einstellen, je 10 ml in Kulturröhrchen abfüllen und 20 min bei 121°C sterilisieren

Reagenz: Kovacs-Reagenz

p-Dimethylaminobenzaldehyd	5 g
n-Pentanol	75 ml
konz. HCl	25 ml

Der p-Dimethylbenzaldehyd wird in n-Pentanol bei 50°C gelöst und dann mit konzentrierter Salzsäure versetzt. Die fertige Lösung sollte in einer dunklen Flasche abgefüllt und unter Lichtabschluß bei ca. 15°C aufbewahrt werden

Ausführung: Nach Beimpfen des Peptonwassers mit einer jungen, 24 h alten Kultur wird 24 - 48 h bei 30 oder 37°C inkubiert. Sodann mit einigen Tropfen Kovacs-Reagenz überschichtet.

Positive Reaktion: Rosa- bis Rotfärbung

Methylrot-Test

Nährmedium: Methylrot-Voges-Proskauer Bouillon

Die MR-VP Bouillon wird zu 5 ml in Reagenzgläser abgefüllt und bei 121°C für 20 min autoklaviert

Reagenz: Methylrot-Indikator

Methylrot	0,25 g
Äthanol	60 ml
dest. Wasser	100 ml

Methylrot wird im Äthanol gelöst und mit dest. Wasser aufgefüllt. Der pH-Wert soll auf 5,0 eingestellt werden. Dabei nimmt die Lösung eine orange Farbe an.

Tabelle 8. IMViC - Auswertung

	Indol	Methylrot	Voges-Proskauer	Citrat
Escherichia	+ (-)[a]	+	-	+
Citrobacter	- (+)[a]	+	-	+
Klebsiella	- (+)[a]	-	+	+

[a]diese Reaktionen kommen selten vor

Ausführung: Das MR-VP-Medium wird mit einer 24 h alten Kultur beimpft und während 24 h bei 30 - 37°C inkubiert. Zum Medium fügt man 2 Tropfen der 0,5%igen Methylrot-Lösung zu.

Positive Reaktion: Rotfärbung (pH < 4,4)

Voges-Proskauer-Test

Nährmedium: Methylrot-Voges-Proskauer Bouillon

Reagenz: Leifson Reagenz

Kupfersulfat	0,25	g
konz. Ammoniak	10	ml
NaOH-Lösung, 15%ig	240	ml

Alle drei Komponenten werden gemischt und in Lösung gebracht.

Ausführung: Zum beimpften und bebrüteten Medium fügt man einige Kreatin-Kristalle (Kreatin-Monohydrat) sowie einige Tropfen Leifson-Reagenz.

Positive Reaktion: Rosa- bis Rotfärbung nach 2 - 3 min (Oxidation)

Citrat-Test

Nährmedium: Simmons Citrat Agar

Das Medium wird durch Aufkochen gelöst und anschließend autoklaviert, in sterile Reagenzröhrchen abgefüllt und schräg gestellt (Schrägschichtröhrchen).

Ausführung: Beimpft wird nur die Schrägfläche, und zwar mit einem geraden Oberflächenstrich.

Positive Reaktion: Gutes Wachstum und Blaufärbung der oberflächlichen Agarschicht durch den Indikator Bromthymolblau.

Tabelle 9. SIM-Auswertung

	H_2S	Indol	Beweglichkeit
Escherichia coli	-	+	+/-
Citrobacter	+	-	+
Enterobacter	-	-	+
Klebsiella	-	-	-

SIM-Differenzierungs-Test

- S = Sulfidbildung
- I = Indolbildung
- M = Motility (Beweglichkeit)

Der Sim-Nährboden gestattet die gleichzeitige Prüfung einer Kultur auf Schwefelwasserstoff- und Indolbildung sowie Beweglichkeit.

Ausführung

Der in Hochschichtröhrchen angelegte und erstarrte Nährboden wird mit Hilfe einer Platinnadel im Stichverfahren beimpft. Der zentrale Stich soll dabei hinab bis zur Kuppe des Röhrchens reichen.

Die so mit einer Reinkultur beimpften Röhrchen werden 24 h bei 37°C bebrütet.

Auswertung

Eine Beweglichkeit wird durch eine diffuse Trübung des Nährbodens in der Umgebung des Stichkanals angezeigt; ein Wachstum nur entlang des Stichkanals weist auf die Unbeweglichkeit der Keime hin.

Eine Schwefelwasserstoff-Bildung tritt in Form einer Schwärzung entlang des Stichkanals (Keime unbeweglich) oder im gesamten Nährboden (Keime beweglich) auf.

Anschließend wird der Nährboden ca. 0,5 cm hoch mit Kovacs-Indolreagenz überschichtet. Bei Anwesenheit von freiem Indol nimmt das Reagenz nach wenigen Minuten eine purpurne Färbung an.

Bestimmung von *Escherichia coli* im flüssigen Medium

Eine ebenfalls vielfach angewandte Variante des Nachweises von *Escherichia coli* stellt die Methode mit einem flüssigen Medium dar. Als Medium der Wahl gilt Brillantgrün-Galle-Laktose Bouillon (BRILA-Bouillon).

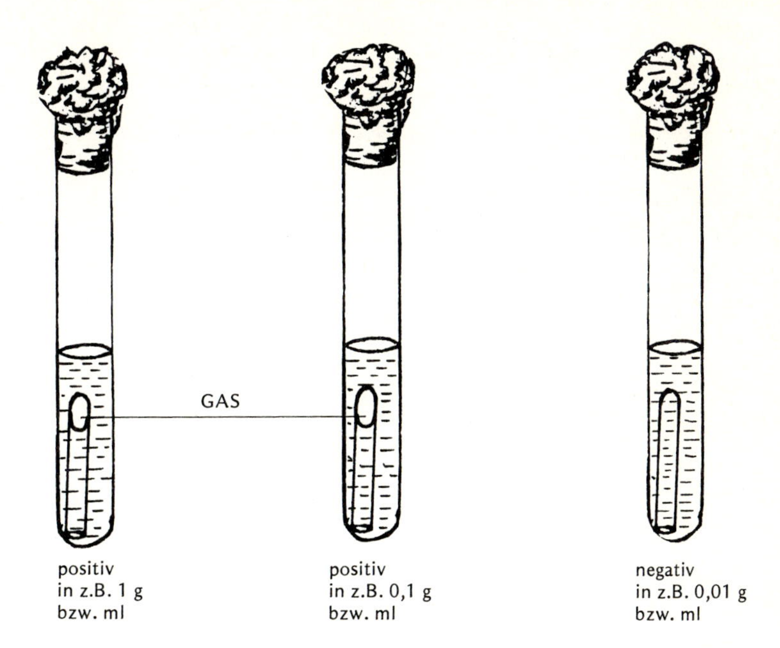

Abb. 40. Kulturröhrchen mit DURHAM-Gärröhrchen nach der Bebrütung

Dieses Nährmedium eignet sich besonders zur Prüfung des genannten Bakteriums in Milch und Milchprodukten, sowie Wasser und Abwasser.

Der Trockennährboden wird nach Herstellvorschrift gelöst und nach Abfüllen in Kulturröhrchen in Mengen von 10 ml, unter Einsatz von DURHAM-Röhrchen, autoklaviert.

Das zu prüfende Untersuchungsmaterial wird in fallenden Konzentrationen in die Kulturröhrchen gegeben und 24 - 48 h bei 37°C bebrütet.

Es wird die geringste Menge bestimmt, die sich noch gasbildend und somit als positiv erweist (Abb. 40). Die Gasbildung wird durch die Gasblase im DURHAM-Röhrchen angezeigt.

Diese Methode eignet sich ebenfalls für die Ermittlung der wahrscheinlichsten Keimzahl gemäß MPN (Most Probable Number) Technik.

Bei der Untersuchung größerer Probemengen, z.B. 10 g oder ml, ist folgendermaßen vorzugehen:

Mindestens 10 g bzw. 10 ml der Probe werden unter sterilen Bedingungen mit der neunfachen Menge einer Verdünnungsflüssigkeit durch intensives Schütteln vermischt. Das Anlegen einer Verdünnungsreihe in fallenden Zehnerpotenzen schließt sich an.

Beimpfung

Ein Kulturröhrchen mit DURHAM-Röhrchen, welches 10 ml BRILA-Bouillon doppelter Konzentration enthält, wird mit 10 ml der 1 : 10 verdünnten Probe beimpft. Dieser Ansatz entspricht 1 ml bzw. 1 g Probe.

Ein Kulturröhrchen mit DURHAM-Röhrchen, welches 10 ml BRILA-Bouillon einfacher Konzentration enthält, wird mit 1 ml der 1 : 10 verdünnten Probe beimpft. Dieser Ansatz entspricht 0,1 ml bzw. 0,1 g Probe.

Ein Kulturröhrchen mit DURHAM-Röhrchen, welches 10 ml BRILA-Bouillon einfacher Konzentration enthält, wird mit 1 ml der 1 : 100 Verdünnungsstufe beimpft. Dieser Ansatz entspricht 0,01 ml bzw. 0,01 g Probe.

Die Flüssigkeit der so beimpften Kulturröhrchen wird durch behutsames Schwenken bzw. Rollen zwischen den Handflächen gut vermischt. Dabei ist darauf zu achten, daß keine Luftblasen in die DURHAM-Röhrchen gelangen.

Werden höhere Keimgehalte erwartet, ist ein weiteres Beimpfen mit höheren Verdünnungen in gleicher Weise durchzuführen. Es sollten so viele Verdünnungsstufen angelegt werden, daß die höchste Stufe einen negativen Befund anzeigt.

Der Kontaminationsgrad ergibt sich dann aus der höchsten, noch Gasbildung aufweisenden Verdünnungsstufe.

Die übrigen Coliformen wachsen zwar auch, entwickeln jedoch in diesem Medium in der Regel kein Gas. In Zweifelsfällen ist eine Differenzierung der gewachsenen Keime unerläßlich.

Salmonellen (Überprüfung auf Abwesenheit - Verdachtsdiagnose)

Salmonellen sind im allgemeinen in infizierten Lebensmitteln neben anderen, sehr zahlreich vorkommenden Bakterien oft nur in geringer Zahl vorhanden.

Um beim Nachweis Erfolg zu haben, muß man sie zunächst in selektiven Anreicherungsmedien vermehren. In den meisten Fällen erscheint es angezeigt, zunächst eine nicht selektive Voranreicherung vorzunehmen; dieses trifft insbesondere bei sehr lange und sehr trocken gelagerten Lebensmitteln oder Lebensmittelrohstoffen (z.B. Caseinate, Hühnereiklarpulver etc.) zu. Die amtl. Sammlung nach § 35 LMBG (1980) schreibt eine nicht selektive Voranreicherung auch für den Salmonellennachweis in Fleisch und Fleischprodukten vor.

Folgende nicht selektive Voranreicherungen sind gebräuchlich:

- gepuffertes Peptonwasser

  zur Untersuchung von:

  Volleipulver
  Eigelbpulver
  Eiklarpulver
  pasteurisierten und gefrorenen Flüssigeiprodukten
  rohes Fleisch und Fleischprodukten

- dest. Wasser mit einem Zusatz von 2 ml einer 1%igen Brillantgrün-Lösung pro l

  zur Untersuchung von:

  Magermilchpulver
  Vollmilchpulver

Ein besonderes Augenmerk sollte dem pH-Wert während der Bebrütung der nicht selektiven Voranreicherung von Produkten gelten. Kommt es zu einer pH-Senkung infolge Säurebildung einer entsprechenden Mikroorganismenbegleitflora auf Werte von 4,5 und darunter, ist mit einer letalen Schädigung eventuell anwesender Salmonellen zu rechnen. Ein Nachweis wird dann unmöglich.

Von der Voranreicherung werden anschließend definierte Mengen in selektive Hauptanreicherungen überführt und diese dann ebenfalls bebrütet. Wird auf eine nicht selektive Voranreicherung verzichtet, entfällt dieser Arbeitsgang. Geringe Mengen der selektiven Hauptanreicherung werden auf selektive Agarnährböden mittels Impföse ausgestrichen.

Nach Ablauf der Bebrütungszeit werden die Nährböden auf verdächtige Kolonien gesichtet. Sind solche Kolonien vorhanden, muß die vorläufige Verdachtsdiagnose bestätigt werden.

Nachfolgend werden die gebräuchlichsten Identifikationsmethoden

- biochemische Identifikation,
- serologische Überprüfung
- Diagnose durch Phagolyse

sowie Untersuchungsgänge beschrieben.

Biochemische Identifikation

Nach einer Vor- und Hauptanreicherung und Kultivierung auf speziellen Selektivnährböden erfolgt eine biochemische Identifikation der verdächtig gewachsenen Kolonien (Tabelle 10).

Für die Identifikation eignen sich fertige Systeme oder aber eine selbst hergestellte kleine "Bunte Reihe"

- Kleine "Bunte Reihe"

  Lysindecarboxylase Bouillon
  Saccharose Bouillon
  Harnstoff Bouillon
  Dreizucker Eisen Agar

Tabelle 10. Interpretation der Ergebnisse

	Verdacht auf Salmonellen	Reaktionswahrscheinlichtkeit	Kein Verdacht auf Salmonellen
Lysindecarboxylase Bouillon	violett Abbau von Lysin	94,6%	gelb kein Lysinabbau
Saccharose Bouillon	blau keine Vergärung von Saccharose	----	gelb Vergärung von Saccharose
Harnstoffspaltung	gelb-rosa kein Abbau von Harnstoff	100%	rot Abbau von Harnstoff
Dreizucker Eisen	Schrägfläche: rot weder Laktose noch Saccharoseabbau	99,5%	Schrägfläche: gelb Laktose- und/oder Saccharoseabbau
	Zapfen: gelb Glukoseabbau (Gasbildung)	91,9%	Zapfen: rot kein Glucoseabbau
	Zapfen: schwarz Schwefelwasserstoffbildung	91,6%	----

Alle vier Reaktionsmedien werden in verschiedene Reagenzgläser gefüllt, die Menge sollte 7 - 10 ml betragen.

Während alle Medien als Trockennährböden erhältlich sind, muß die Saccharose Bouillon selbst bereitet werden.

Saccharose Bouillon

30 g kohlenhydratfreier Standardnähragar
12 ml Bromthymolblaulösung
5 g Saccharose
1000 ml dest. Wasser

Bromthymolblaulösung: 1 g Bromthymolblau
25 ml 0,1 n NaOH
475 ml dest. Wasser

Dreizucker Eisen Agar. Während die drei erstgenannten Reaktionsmedien flüssig sind, wird der Dreizucker Eisen Agar so als Schrägschichtröhrchen angelegt, daß über einer etwa 3 cm langen Hochschicht (Zapfen) eine mindestens ebenso lange Schrägfläche entsteht.

Der Dreizucker Eisen Agar ermöglicht das Ablesen von drei Reaktionen, nämlich H_2S-Bildung, Säure- und Gasbildung.

Beimpf-Methodik. Mit einer Impfnadel wird Zellmaterial einer verdächtigen Kolonie von einer selektiven Nähragarplatte zur Beimpfung der vier Nährmedien aufgenommen.

Tabelle 11. Auszug aus dem KAUFFMANN-WHITE-Schema (Diagnostische Antigentabelle)

Gruppe	Spezies	Körper-Antigene (O)	Geißel-Antigene (H) Phase 1
A	*Salmonella paratyphi* A	1, 2, 12	a
B	*Salmonella saint-paul*	1, 4, (5), 12	e, h
	Salmonella typhy-murium	1, 4, (5), 12	i
	Salmonella agona	1, 4, 12	f, g, s
	Salmonella bredeny	1, 4, 12, 24	l, v
C 1	*Salmonella montevideo*	6, 7	g, m, (p), s
	Salmonella bonn	6, 7	l, v
C 2	*Salmonella newport*	6, 8	e, h
	Salmonella hadar	6, 8	z_{10}
C 4	*Salmonella enteritidis*	1, 9, 12	g, m
E 3	*Salmonella binza*	3, 15	y

Auf die Wiedergabe der 2. Phase der H-Antigene wurde bewußt verzichtet

Der Dreizucker Eisen Agar wird zuletzt durch Stich im Zapfen und Ausstrich auf der Schrägfläche beimpft.

Alle beimpften Kulturröhrchen werden für 24 h bei 37°C im Brutschrank bebrütet.

Serologische Überprüfung[3]

Salmonellen sind vorwiegend aus zwei Antigenkomplexen aufgebaut, nämlich den in der Zellwand lokalisierten O-Antigenen (Körper-, Lipopolysaccharid-Antigen) und H-Antigenen, welche mit den Geisseln assoziiert sind; die H-Antigene können wiederum in zwei Phasen (Strukturen) vorliegen.

Da identische O-Antigene auch bei *Citrobacter*, *Enterobacter*, *Escherichia coli* und anderen Enterobakteriaceen vorkommen, sind die Anti-O-Seren nicht absolut *Salmonella*-spezifisch und keinesfalls allein für die Typisierung ausreichend.

Salmonellen werden nach dem KAUFFMANN-WHITE-Schema (Tabelle 11) in Gruppen eingeteilt. Die Gruppen tragen die Buchstaben A - Z und weil das Alphabet nicht ausreicht, die Ziffern 51 - 65.

[3]Siehe Fußnote bei Seren und Plasma für die Diagnose

Schema der Salmonellen-Diagnostik

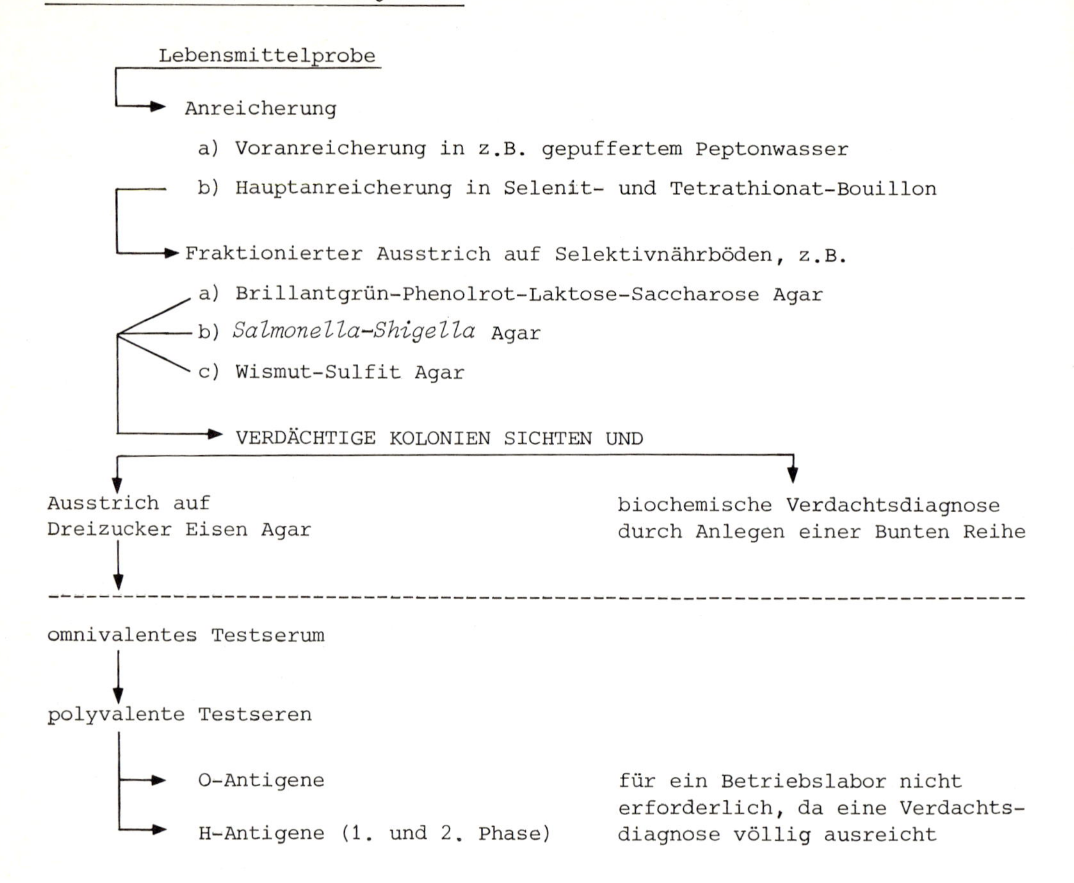

Für die orientierende Untersuchung, sie reicht für das Betriebslabor völlig aus, stehen drei polyvalente Seren und ein omnivalentes Serum zur Verfügung.

Die polyvalenten Seren enthalten Agglutinine gegen die Antigenfaktoren und -kombinationen folgender Gruppen:

- Serum polyvalent I — Gruppen A - E_4
- Serum polyvalent II — Gruppen F - 60
- Serum polyvalent III — Gruppen 61 - 65
- Serum omnivalent — Gruppen A - 60

Auf die Salmonellen-Spezies-Diagnose soll nur kurz eingegangen werden. Salmonellenstämme mit identischen O- und H-Antigenen gehören der selben Art an. Die H-Antigene (1. Phase) werden mit kleinen Buchstaben a - z und anschließend mit $z_1 - z_{61}$ bezeichnet, H-Antigene (2. Phase) werden sowohl mit Zahlen als auch mit Buchstaben bezeichnet. O-Antigene werden ausschließlich beziffert. Neben den monovalenten O- und H-Antiseren, die nur ein bestimmtes

Abb. 41a,b. Serologische Durchführung. a) Verbringen eines Tropfens Serum und Koloniematerial auf einen Objektträger; b) Verreiben des Serums mit Koloniematerial zu einem Serum-Bakterien-Gemisch

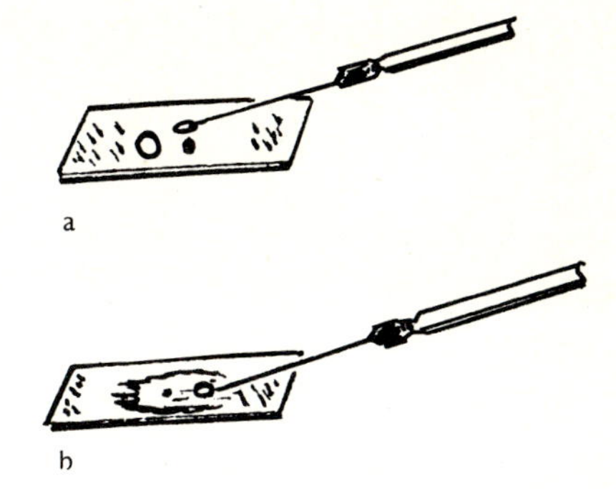

Agglutinin enthalten, sind wie bereits erwähnt sogenannte polyvalente Antiseren erhältlich, die mehrere O-Agglutinine enthalten. Mit diesem Pool-Antiserum können bereits die meisten Salmonellengruppen orientierend erfaßt werden.

Agglutination, Durchführung und Interpretation

Kolonien mit einem positiven oder einem positiv-verdächtigen biochemischen Ergebnis werden anschließend orientierend mit poly- oder omnivalenten Seren überprüft.

Man bringt dazu einen großen Tropfen, in der Gebrauchsverdünnung bereits vorliegenden Serums, auf einen sauberen Objektträger. Mit einer Impföse wird etwas verdächtiges Koloniematerial vom Dreizucker Eisen Agar entnommen. Die Entnahme von Bakterienmaterial direkt von Selektivnährböden ist nicht empfehlenswert; dieses kann, aufgrund eventuell wenig ausgebildeter Antigene, zu Fehlreaktionen führen. Die Bakterienmasse wird unmittelbar neben den Tropfenrand gesetzt und an Ort und Stelle wenige Sekunden verrieben. Erst dann nimmt man mit der Öse etwas Serum aus dem unmittelbar daneben liegenden Tropfen in die Bakterienmasse hinein und verreibt nochmals ganz kurz. Es entsteht eine angefeuchtete Masse, die sich gut in den Tropfen hineinreiben läßt (Abb. 41). Auf diese Weise gelingt es, selbst feinste Bröckelbildung zu vermeiden.

Sofort nach dem Vermischen wird der Objektträger vorsichtig, aber doch energisch zwischen den Fingern geschwenkt, so daß das Serum-Bakterien-Gemisch eine völlige Durchmischung erfährt.

Oftmals tritt bereits beim Einreiben des Koloniematerials eine mit dem bloßen Auge deutlich erkennbare Agglutination auf, die körnig oder flockig ausfallen wird. Diese Reaktion ist dann als positiv zu beurteilen (Abb. 42). Um eine "Eigenagglutination" auszuschließen wird eine Kolonie in physiologischer NaCl-Lösung verrieben; hierbei darf keine Reaktion eintreten.

Bevor die Untersuchung endgültig als negativ abgelesen wird, ist für die Beurteilung der Reaktion eine Lupe mit 6facher Vergrößerung heranzuziehen.

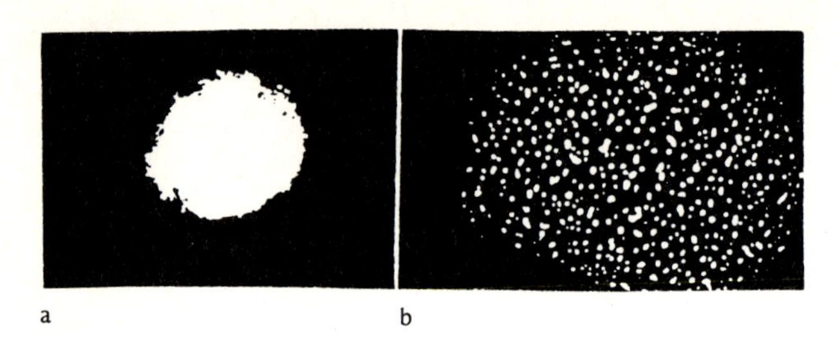

Abb. 42a,b. Interpretation. a) negative Reaktion; b) positive Reaktion

Nach Beendigung der Untersuchung wird der Objektträger in bereitstehende Desinfektionslösung gelegt.

Verdachtsdiagnose durch Phagolyse

Um die Methodik besser verstehen zu können, bedarf es einer kurzen Erklärung bezüglich Phagen, ihrer Spezifität und deren Verhalten.

Phagen sind Viren und gehören somit zur Klasse der Microtatobiotes, den "allerkleinsten Lebewesen". Viren können als obligate Parasiten lebender Zellen charakterisiert werden, welche unter bestimmten Umständen für die Wirtszelle pathogen sind.

Da bestimmte Phagen bestimmte Bakterienarten im Sinne einer spezifischen Virus-Wirt-Beziehung zur Auflösung – der sogenannten Lyse – bringen, liegt es nahe, solche "Bakterienfresser" diagnostisch einzusetzen. Durch eine Salmonellen-spezifische Phagensuspension, d.h. Salmonellen werden als Wirtsbakterium akzeptiert und damit zerstört, können diese erkannt werden.

Untersuchungstechnik (Abb. 43)

Untersuchungsvorbereitung

Steriler Dreizucker Eisen Agar wird in Petrischalen gegossen; nach Erstarren des Nährbodens werden die Schalen umgekehrt mit geöffnetem Deckel für 1 - 2 h bei 37°C im Brutschrank getrocknet.

Anschließend zeichnet man auf der Unterseite des Petrischalenbodens 6 - 9 Kreisfelder mit einem Durchmesser von 10 - 15 mm ein. Es empfiehlt sich die Zuhilfenahme einer Schablone.

Methodik

Ins Zentrum der von der Unterseite durchscheinenden vorgezeichneten Felder des Dreizucker Eisen Agars bringt man nun einen

---

Abb. 43. Darstellung bezgl. Arbeitsgang und Auswertung bei Verwendung von polyvalenten 0-1 Phagen →

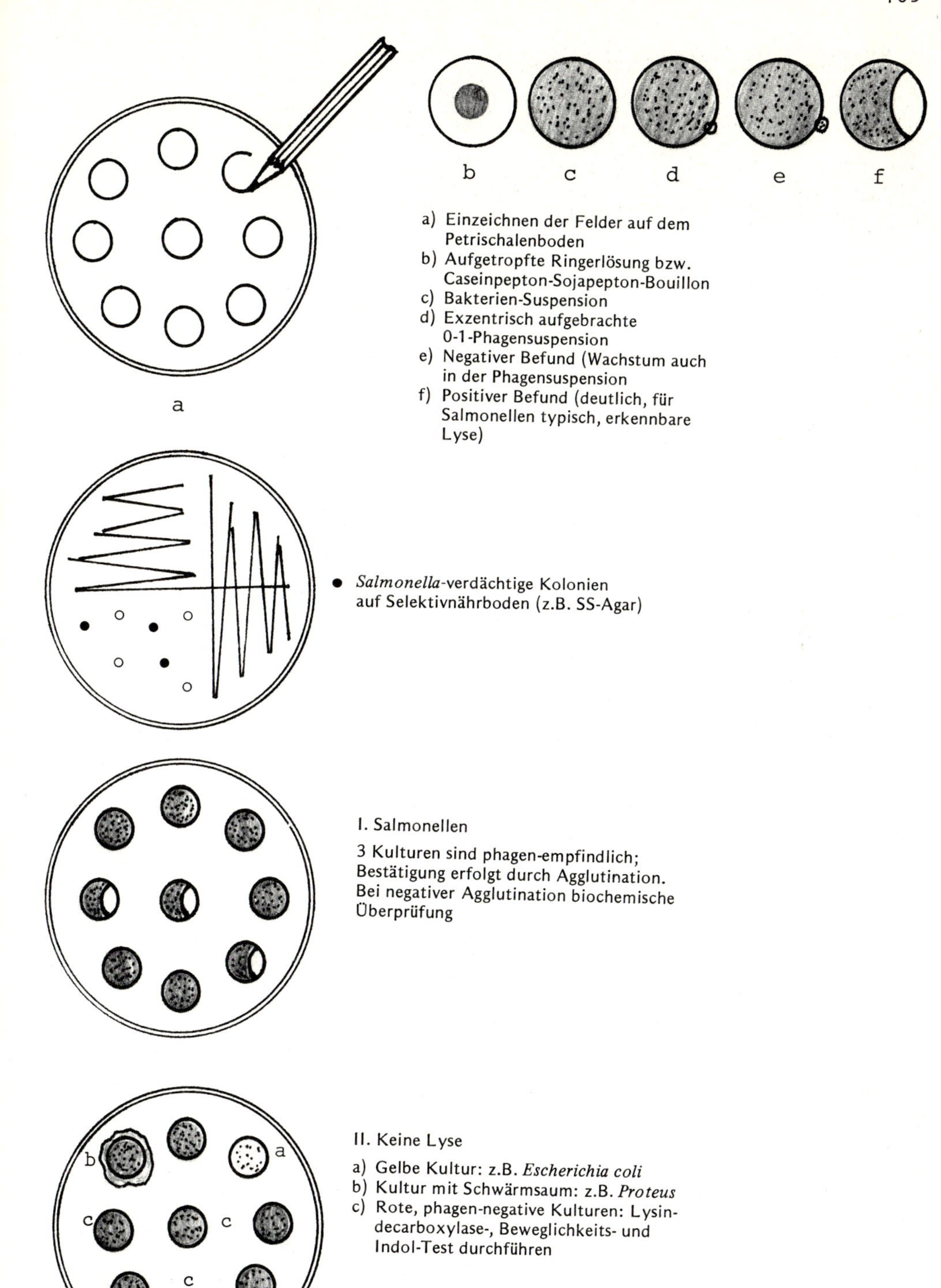

a) Einzeichnen der Felder auf dem Petrischalenboden
b) Aufgetropfte Ringerlösung bzw. Caseinpepton-Sojapepton-Bouillon
c) Bakterien-Suspension
d) Exzentrisch aufgebrachte 0-1-Phagensuspension
e) Negativer Befund (Wachstum auch in der Phagensuspension
f) Positiver Befund (deutlich, für Salmonellen typisch, erkennbare Lyse)

● *Salmonella*-verdächtige Kolonien auf Selektivnährboden (z.B. SS-Agar)

I. Salmonellen

3 Kulturen sind phagen-empfindlich; Bestätigung erfolgt durch Agglutination. Bei negativer Agglutination biochemische Überprüfung

II. Keine Lyse

a) Gelbe Kultur: z.B. *Escherichia coli*
b) Kultur mit Schwärmsaum: z.B. *Proteus*
c) Rote, phagen-negative Kulturen: Lysindecarboxylase-, Beweglichkeits- und Indol-Test durchführen

Schema der Salmonellen-Untersuchung bei Verwendung von polyvalenten O-1-Phagen (für trockene, pulverförmige Produkte)

25 - 100 Gramm Lebensmittel in

→ 225 - 900 ml Peptonwasser oder halbkonzentrierte Caseinpepton-Sojamehlpepton Bouillon voranreichern

Inkubation 37°C / 24 h

10 ml der Voranreicherung in je 10 ml Hauptanreicherung überführen

Inkubation 37°C / 24 h

a) Tetrathionat Bouillon (doppelt konzentriert)
b) Selenit Bouillon (doppelt konzentriert)

→ Überimpfen auf Selektivnährböden

a) Brillantgrün-Phenolrot-Galle-Laktose-Saccharose Agar
b) *Salmonella-Shigella* Agar
c) evt. XLD-, Hektoen- oder Wismut Sulfit Agar

Inkubation 37°C / 24 - 48 h

→ *SALMONELLA*-VERDÄCHTIGE KOLONIEN ÜBERIMPFEN AUF

↓

Dreizucker Eisen Agar Phagenplatte (6 - 9 Kreisfelder)

Inkubation 37°C / 6 h

↓

Kolonien mit positiver Lyse und fehlender Fermentation von Laktose und / oder Saccharose

↓

S A L M O N E L L E N

→ Bestätigung durch zugl. Referenzlabor

kleinen Tropfen Peptonwasser oder verdünnte Ringerlösung. Von einer auf Selektivplatten *Salmonella*-verdächtig gewachsenen Kolonie wird etwas Material mit Hilfe einer ausgeglühten Impföse aufgenommen, in den Tropfen gebracht und durch mehrere spiralige Bewegungen innerhalb des Kreises vorsichtig verrieben. Die übrigen leeren Felder sind analog – mit anderen verdächtigen Kolonien – zu beschicken. Das in der Mitte liegende Feld sollte zwecks Virulenzprüfung mit einem ATCC-*Salmonella*-Stamm beimpft werden.

Nach dem Antrocknen der Bakteriensuspension wird auf den Rand eines jeden Feldes – mit Hilfe einer Mikrospritze – ein kleiner Tropfen der O-1-Phagensuspension gesetzt. Die Platten werden mit dem Deckel nach oben während 6 h bei 37°C im Brutschrank bebrütet.

Auswertung

Durch die exzentrische Zugabe der Phagensuspension zeigt sich die Lyse in Form einer halbmondförmigen Plaque auf der Makrokolonie. Durch die günstige Substanzzusammensetzung des Dreizucker Eisen Agars läßt sich eine eventuell störende Begleitflora leicht erkennen und bei der Diagnose unschwer ausschalten. Coliforme Keime (Laktose/Saccharosevergärung) können anhand der Gelbfärbung des die Kolonie umgebenden Mediums erkannt werden, während Salmonellen das Medium nicht verändern oder höchstens den Rot-Ton etwas verstärken.

Der O-1-Phage lysiert 97,2% der 8255 Stämme von 209 Salmonellenarten, welche von 1959 - 1970 in der schweizerischen Salmonellenzentrale untersucht wurden. Er lysiert ebenfalls 57,5% *Arizona* (193 Stämme), 10,2% *Escherichia coli* (118 Stämme) und 0,5% *Citrobacter* (202 Stämme). 366 andere gramnegative Keime (*Enterobacter*, *Proteus*, *Shigella*, *Hafnia*, *Pseudomonas*, *Alcaligenes*, *Achromobacter*, *Providentia*) werden nicht lysiert (FEY et al. 1971).

Enterokokken

Enterokokken, ein Synonym für Streptokokken der Lancefield-Gruppe D, können – wenn sie in hoher Anzahl nachgewiesen werden – in einigen Produkten als Indikator für eine unzureichende Prozeßtechnologie gewertet werden. Das trifft insbesondere für Trockenprodukte wie Hühnereiweißpulver, Milchpulver etc. zu. Ein Befund in beispielsweise Rohwürsten und anderen naturgereiften Lebensmitteln wird allgemein als produktspezifisch angesehen.

Für den quantitativen Nachweis wird vom Lebensmittelhomogenisat bzw. dessen Verdünnungsstufen ausgegangen. Für die Kultivierung ist das Oberflächenspatel-Verfahren anwendbar, die ICMSF (1978) empfiehlt das Plattenguß-Verfahren.

- Nährböden

  M-*Enterococcus* Agar
  KF *Streptococcus* Agar (ICMSF, 1978)
  Packer's Crystal-Violet Azide Blood Agar (ICMSF, 1978)

Nach einer Inkubation von 24 - 48 h, bzw. 72 h bei Verwendung von Packer's Agar, erscheinen Enterokokken als hellrote, violette bis dunkelrote Kolonien.

Bei subletaler Schädigung, hervorgerufen durch Hitze, Trocknung, Fermentation bis zu niedrigen pH-Werten u.ä., ist der Einsatz eines Wiederbelebungsmediums erforderlich.

- Wiederbelebungsmedien

  6,5%ige NaCl Bouillon
  Streptokokken Anreicherungsbouillon
  Glukosebouillon

Tabelle 12. Identifizierung von Enterokokken nach physiologischen Merkmalen

Wachstum bei:	Str. faecalis (Enterokokken im engeren Sinne)	Str. faecium	Str. bovis	Str. equinus
10°C	+	+	-	-
45°C	+	+	+	+
50°C	+	+[a]	-	-
pH 9,6	+	+	-	-
6,5% NaCl	+/-	+/-	-	-
40% Gallenzusatz	+	+	+	+
Resistent gegenüber 60°C für 30 min	+	+	-	-[a]
NH_3-Bildung aus Arginin	+	+	-	-
Gelatineverflüssigung	-/+	-	-	-
0,04% Kaliumtellurit-Toleranz	+	-	-	-
Säurebildung durch Fermentation aus:				
Mannit	+	+	+/-	-
Sorbit	+[a]	-[a]	-/+	-
L-Arabinose	-	+	+/-	-
Laktose	+	+	+	-
Saccharose	+[a]	+/-	+	+[a]
Raffinose	-[a]	-[a]	+	-[a]
Melibiose	-	+[a]	+	-[a]
Stärkehydrolisierung	-	-	+[a]	-[a]

[a]Gelegentlich auftretende atypische Reaktion;
+ : positives Resultat; - : negatives Resultat; +/- : überwiegend positives Resultat; -/+ : überwiegend negatives Resultat

Das Untersuchungsmaterial wird in eines der Wiederbelebungsmedien überführt; für den halbquantitativen Nachweis beispielsweise 1 g, 0,1 g und 0,01 g Probematerial. Nach einer Inkubation bei 37°C für 24 h wird aus der bebrüteten Wiederbelebungsbouillon fraktioniert auf Selektivnährböden ausgestrichen und die so beimpften Nährböden dann bebrütet.

Eine Bestätigung der gewachsenen Keime als Enterokokken bzw. Differenzierung kann anhand der sog. SHERMAN-Kriterien (Tabelle 12) erfolgen.

Die ICMSF (1978) empfiehlt folgende Bestätigungsdiagnostik:

- Gramfärbung
- Katalaseprüfung
- Wachstum bei 44 - 46°C
- Wachstum in einer 6,5%igen NaCl-haltigen Bouillon

Verdächtige, typisch pigmentierte Kolonien werden von den Selektivnährböden aufgenommen und in Kulturröhrchen, welche Hirn-Herz Infusion Bouillon enthalten, überführt. Die beimpften Röhrchen werden bei 35 - 37°C bis 24 h oder bis eine Trübung sichtbar wird inkubiert.

- Von jeder getrübten Bouillonkultur wird eine Gramfärbung durchgeführt und das gefärbte Präparat mikroskopiert.
- 3 ml der Bouillonkulturen werden in Röhrchen, welche 0,5 ml 3%iges Wasserstoffperoxid (H_2O_2) enthalten, überführt. Ein Ausbleiben von Gasblasen zeigt an, daß die Kolonie katalasenegativ ist.
- Beimpfen von, im Wasserbad auf 44 - 46°C erwärmter, Hirn-Herz Infusion Bouillon mit anschließender Inkubation bei gleicher Temperatur für 48 h.
- Beimpfen von 6,5% NaCl-haltiger Hirn-Herz Infusion Bouillon und anschließender Inkubation bei 35 - 37°C für 72 h.

Katalase-negative Streptokokken, welche bei 44 - 46°C und einer 6,5%igen NaCl-Konzentration wachsen sind Enterokokken.

Enterokokken sind zudem grampositiv, von oval-kokkoider Gestalt und liegen paarig oder in Kettenformation vor.

Koagulase-Positive Staphylokokken

Da die meisten Forderungen und Standards eine Abwesenheit von *Staphylococcus aureus* in 1 g oder 0,1 g verlangen oder die Zahl unter 100 pro Gramm Lebensmittel liegen muß, ist eine Anreicherung erforderlich.

Anreicherung

Zu je 10 ml Anreicherungsmedium, z.B. Caseinpepton-Sojamehlpepton Bouillon mit einem 10%igen NaCl-Zusatz, werden 1 g, 0,1 g oder 0,01 g Untersuchungsmaterial steril überführt und bei 35°C für 48 h bebrütet.

Nach der Bebrütung wird von jedem Kulturröhrchen ein Ausstrich auf Baird-Parker-Agar-Platten, welche eine Eigelb-Tellurit-Emulsion enthalten angefertigt. Die Bebrütung bei 37°C für 30 - 48 h schließt sich an.

Direkter quantitativer Nachweis

Bei vermuteten Keimzahlen von über 100 pro Gramm in einer Untersuchungsprobe, wird diese mit der 9fachen Menge einer physiologischen NaCl-Lösung homogenisiert und eine Verdünnungsreihe angelegt.

Der Baird-Parker Nährboden wird im Oberflächenspatel-Verfahren beimpft.

- Auswertung des bebrüteten Baird-Parker Agars (mit Eigelb-Tellurit Emulsion)

  Kleine, konvexe, glänzende, intensiv schwarze Kolonien mit einem Durchmesser von ca. 1 - 5 mm und einer schmalen weißen Randzone, die von einem Aufhellungshof des Mediums umgeben sind, können pathogene Staphylokokken sein.

Bestätigungs-Tests

Katalase Test

Mit einer Platindraht-Öse wird ein Teil der betreffenden Kolonie aufgenommen und mit einem Tropfen einer 3%igen Wasserstoffperoxid-Lösung auf einem Objektträger vermischt. Bei Gasbildung wird für die entsprechende Kolonie der Koagulase-Test durchgeführt.

Koagulase-Test

Einige Staphylokokken besitzen die Fähigkeit, flüssiges Kaninchenblutplasma mit ihrem Enzym Koagulase zu koagulieren. Die Koagulasebildung steht mit dem Enterotoxinbildungsvermögen von *Staphylococcus aureus* in sehr engem Zusammenhang.

Der Koagulase-Test kann auf zwei Arten durchgeführt werden. Man unterscheidet die "gebundene Koagulase", ermittelt auf einem Objektträger und die "freie Koagulase", ausgeführt in Kulturröhrchen.

Freie Koagulase. Die Koagulaseprüfung wird als Röhrchentest durchgeführt. Bei diesem Test wird 0,1 ml einer 24 h alten Kultur aus einer Hirn-Herz-Dextrose Bouillon in kleine Kulturröhrchen, welche 0,3 ml Kaninchenblutplasma mit EDTA (Ethylendiamintetraessigsäure, 1%ig) enthalten, aseptisch überführt, gründlich vermischt und bei 37°C bebrütet.

In den ersten 24 h wird stündlich kontrolliert, ob eine Gerinnung aufgetreten ist. Ist dieses nicht der Fall, wird nach weiteren 24 h nochmals geprüft.

Nur eine deutliche, beim Kippen des Röhrchens erkennbare Verklumpung ist als koagulase-positiv zu bewerten (Abb. 44).

Gebundene Koagulase. Eine praktisch gleichwertige Plasmakoagulation bietet der Klumpentest, durchgeführt auf einem Objektträger. Dazu

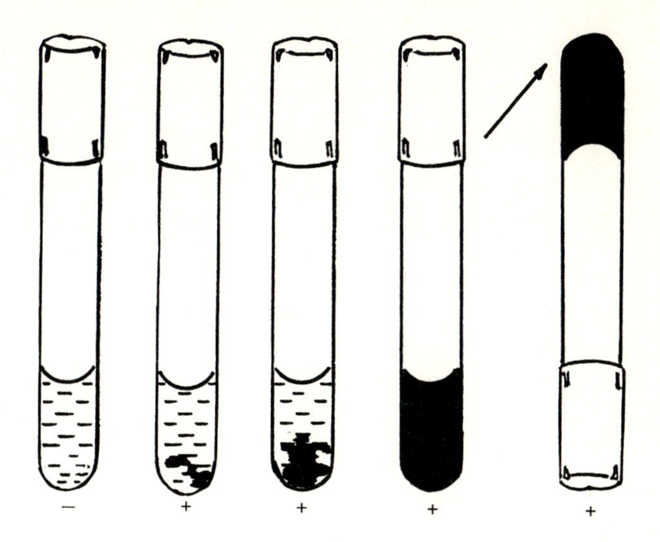

Abb. 44. Beurteilung der Koagulase-Reaktion (freie Koagulase). - = negativ; + = positive Reaktion

wird ein Tropfen EDTA-Kaninchenblutplasma mit einer *Staphylococcus aureus*-verdächtigen Kolonie verrieben. Bei einer koagulase-positiven Reaktion bewirkt der "clumping factor" nach ca. 30 s die Verklumpung der verriebenen Kolonie. Die Übereinstimmung mit freier Koagulase, die als Pathogenitätskriterium gilt, beträgt 90 - 98%.

Bacillus cereus

Gemäß der Verordnung über diätetische Lebensmittel der Bundesrepublik Deutschland ist eine Untersuchung bei Säuglings- und Kleinkindernahrung auf *Bacillus* vorgeschrieben.

Für die Routineuntersuchung im Betriebslaboratorium bewährt sich der Cereus-Selektiv-Agar nach MOSSEL.

Das als Trockennährboden erhältliche Medium dient als Basis. Die Zubereitung der Nährbodengrundlage erfolgt nach Herstellvorschrift; anschließend wird dem noch flüssigen, jedoch auf 45°C abgekühlten Nährboden 100 ml einer 50%igen Eigelbemulsion zugesetzt. Zur Erhöhung der Selektivität kann noch Polymyxin-B-Sulfat zugesetzt werden.

- Polymyxin-Lösung

  50 mg Polymyxin-B-Sulfat werden in 50 ml dest. Wasser gelöst. Nach einer Sterilfiltration dieser Stammlösung werden 1, 2, 5 oder 10 ml pro 100 ml Nährboden zugemischt.

Dieser nun fertige Nährboden wird zu Platten gegossen. Nach Anlegen einer Verdünnungsreihe aus einem Lebensmittelhomogenisat mit anschließender Beimpfung im Oberflächenspatel-Verfahren erfolgt eine Bebrütung von 18 - 40 h bei 32°C.

Auswertung

Bacillus cereus wächst in Form rauher und trockener Kolonien mit einem rosa bis purpurfarbenen Untergrund, die von einem weißen Niederschlagsring umgeben sind (Lecithinase-Abbau). Kolonien mit gelbem Hof sind mit Sicherheit keine Cereusbazillen.

Eine Identifizierungs-Untersuchung sollte angeschlossen werden.

- Kurze Identifizierungsreihe

  Gelatine Stich-Kultur ⟶ prompte Verflüssigung

  Anaerobes Wachstum ⟶ positiv

  Glukoseabbau ⟶ positiv

Ermittlung der *Bacillus*-Sporen-Gesamtzahl

Eine Abgrenzung der Sporen von vegetativen Formen erfolgt am einfachsten durch Hitzeaktivierung in der entsprechenden Verdünnungsstufe vor dem Inokulieren.

Da die Sporen der einzelnen *Bacillus*-Arten unterschiedliche Temperaturoptima für ihre Hitzeaktivierung besitzen, sollten zur exakten Bestimmung des jeweiligen Temperaturoptimums die einzelnen Verdünnungsstufen nach folgendem Schema erhitzt werden:

1. Röhrchen	1 Minute bei 80°C
2. Röhrchen	5 Minuten bei 80°C
3. Röhrchen	5 Minuten bei 90°C
4. Röhrchen	5 Minuten bei 100°C
5. Röhrchen	unerhitzte Kontrolle

Die Hitzeaktivierung erfolgt in Wasserbädern. Danach werden 0,1 ml oder bei niedrigen Sporenzahlen 1 ml auf Glukose-Trypton-Agar, Cereus-Selektiv-Agar oder saurem Proteose-Pepton-Agar (für *Bacillus coagulans*) ausgespatelt bzw. mit verflüssigtem Agar vermischt und bei 32°C bzw. 55°C 2 Tage lang bebrütet.

Clostridium perfringens-Sporen

Es sind zahlreiche Verfahren der Isolierung von *Clostridium perfringens* und zum quantitativen Nachweis bekannt. Hier soll nur ein bewährtes Verfahren beschrieben werden.

Analysengang (Abb. 45)

Abtötung der vegetativen Zellen durch Hitzebehandlung

Zur Abtötung vegetativer Zellen, erfolgt zunächst eine Hitzebehandlung von etwa 7 ml einer 1 : 10 Verdünnung. Dazu wird die 1 : 10

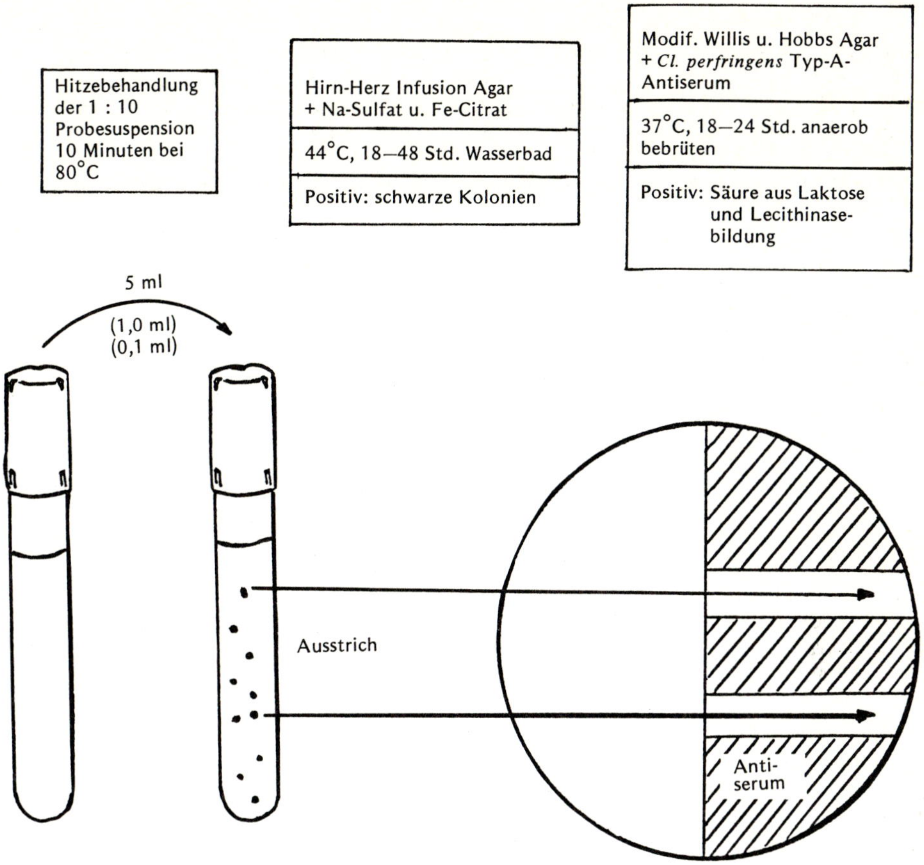

Hitzebehandlung der 1 : 10 Probesuspension 10 Minuten bei 80°C

Hirn-Herz Infusion Agar + Na-Sulfat u. Fe-Citrat

44°C, 18–48 Std. Wasserbad

Positiv: schwarze Kolonien

Modif. Willis u. Hobbs Agar + *Cl. perfringens* Typ-A-Antiserum

37°C, 18–24 Std. anaerob bebrüten

Positiv: Säure aus Laktose und Lecithinase-bildung

5 ml
(1,0 ml)
(0,1 ml)

Ausstrich

Anti-serum

Abb. 45. Darstellung des Analysenganges. Empfehlung der AIIBP (Association Internationale de l'Industrie de Bouillons et Potages)

Probesuspension in sterile Reagenzgläser pipettiert und im Wasserbad 10 min bei 80°C gehalten, anschließend sofort unter fliessendem Wasser abgekühlt.

Es ist vorher zu schätzen, wie lange es dauert, bis die Probesuspension in den Reagenzgläsern 80°C erreicht hat. Diese ermittelte Zeit muß zu den 10 min Haltezeit bei 80°C zugeschlagen werden.

Beimpfung von Hirn-Herz Infusion Agar

Vier Röhrchen mit je 20 ml geschmolzenem Hirn-Herz Infusion Agar (mit Na-Sulfat und Eisencitrat) werden bei 44°C folgendermaßen beimpft:

Zu 2 Röhrchen kommen jeweils 5 ml der erhitzten Suspension

Zu 1 Röhrchen kommt 1 ml der erhitzten Suspension

zu 1 Röhrchen kommt 0,1 ml der erhitzten Suspension

Die Röhrchen werden durch vorsichtiges Rollen zwischen den Handflächen unter Vermeidung von Luftzufuhr gemischt und dann unter fließendem Wasser gekühlt.

Im Anschluß erfolgt eine Bebrütung, vorzugsweise im Wasserbad, für 18 - 48 h bei 44°C.

Auszählung

Nach einer Bebrütungszeit von 18, 24 bzw. 48 h wird ausgewertet. Die Anzahl der möglicherweise vorhandenen *Clostridien perfringens* kann an der Menge der sichtbar schwarz gefärbten Kolonien abgeschätzt werden.

Bestätigung der Kolonien als Clostridium perfringens

Eine genaue Diagnose von *Clostridium perfringens* ist serologisch auf modifiziertem WILLIS u. HOBBS Agar mit *Clostridium perfringens*-Typ-A-Serum möglich.

Nach Erstarren des WILLIS u. HOBBS Agars wird auf der Unterseite des Petrischalenbodens mit einem Filzstift eine Halbierung eingezeichnet. Auf eine Hälfte des getrockneten Agars werden 3 Tropfen bzw. 0,05 ml Antiserum mit Hilfe eines Spatels gleichmäßig verteilt. 2 - 3 Kolonien werden dem Hirn-Herz Infusion Agar entnommen und nacheinander senkrecht zur Halbierungslinie mit einer Impföse auf den WILLIS u. HOBBS Agar ausgestrichen.

Dabei ist so vorzugehen, daß der Ausstrich auf der nicht mit Antiserum-Typ-A behandelten Plattenhälfte begonnen und von dort auf die mit Antiserum behandelte Seite ausgezogen wird.

Nach einer anaeroben Bebrütung von 18 - 24 h bei 37°C erfolgt die Auswertung.

Als *Clostridium perfringens* werden solche Stämme identifiziert, die Säure aus Laktose bilden, sowie eine Lecithinaseproduktion zeigen. Diese charakteristischen Merkmale werden dort unterbunden, wo Antiserum-Typ-A vorhanden ist.

Beschreibung der Nährböden

Hirn-Herz Infusion Agar mit Sulfit und Eisen

Der Basisnährboden kann als Trockengranulat erworben werden. Die Bereitung erfolgt nach Angaben der Nährbodenhersteller.

Jeweils 20 ml des gelösten Mediums werden in 200 x 20 mm Röhrchen abgefüllt und bei 121°C 15 min lang autoklaviert.

Vor Verwendung des Agars wird dieser im Wasserbad auf 55°C abgekühlt. Nun wird 1 ml Natriumsulfitlösung (0,625 g $Na_2SO_3 \cdot 7\ H_2O$ in 100 ml sterilem dest. Wasser) und vier Tropfen 5%ige Eisencitratlösung zu jeweils 20 ml des abgefüllten Mediums gegeben.

Eine Sterilisation beider Lösungen ist normalerweise nicht nötig, wenn für ihre Herstellung steriles dest. Wasser verwendet wird.

Nährboden nach WILLIS u. HOBBS (modifiziert)

33 g eines Azid-Blutagar-Grundmediums, 10 g Laktose und 0,03 g Neutralrot werden in 1000 ml dest. Wasser eingerührt und zum Kochen gebracht; dadurch wird eine Auflösung der Bestandteile gewährleistet. Im Anschluß daran erfolgt eine Sterilisation mit üblicher Temperatur und Zeit.

Nach dem Abkühlen auf etwa 45 - 50°C gibt man 10% einer Eigelbemulsion zu, mischt vorsichtig durch und gießt Petrischalen aus.

Nach dem Erstarren werden 3 Tropfen *Clostridium perfringens*-Typ-A-Antiserum auf jeweils einer halben Plattenhälfte ausgespatelt.

Qualitativer Anaerobier-Nachweis

Für diesen einfachen qualitativen Nachweis findet Leberbouillon Verwendung. Während früher in Kulturröhrchen mit Nährbouillon jeweils 2 - 3 erbsengroße, durch Autoklavierung sterilisierte Leberstückchen eingelegt wurden, benutzt man heute Fertignährböden.

Die Fertignährböden enthalten pulverisiertes Lebergewebe bzw. Leberstückchen. Die im Lebergewebe enthaltenen reduzierenden Substanzen bauen in ihrer Umgebung ein selbst für anspruchsvolle Anaerobier genügend anaerobes Milieu auf. Die enthaltene Glukose wird von Clostridien unter Gasbildung vergoren. Gasbildung legt den Verdacht auf Clostridien nahe. Der Nachweis ist durch Anfertigung eines Ausstrichpräparates und anschließender Färbung nach GRAM zu bestätigen.

Die Leberbrühe ist nach dem Fleischbeschau-Gesetz zum Anaerobiernachweis vorgeschrieben.

Durchführung (Abb. 46)

Vier Kulturröhrchen werden mit 10 ml Leber-Leberbouillon gefüllt und 5 min bei 100°C aufgekocht. Dadurch wird der noch vorhandene Luftsauerstoff entfernt.

Zwei Röhrchen werden auf 30°C abgekühlt und mit einem erbsengroßen Stück Lebensmittel beimpft.

Zwei Röhrchen gibt man in ein 80°C Wasserbad und beimpft diese, nachdem sie von 100 auf 80°C abgekühlt wurden, ebenfalls mit einem erbsengroßen Stück Lebensmittel. Um eine Aktivierung der Sporen zu erreichen, beläßt man diese beiden Kulturröhrchen 10 min lang im 80°C heißen Wasserbad.

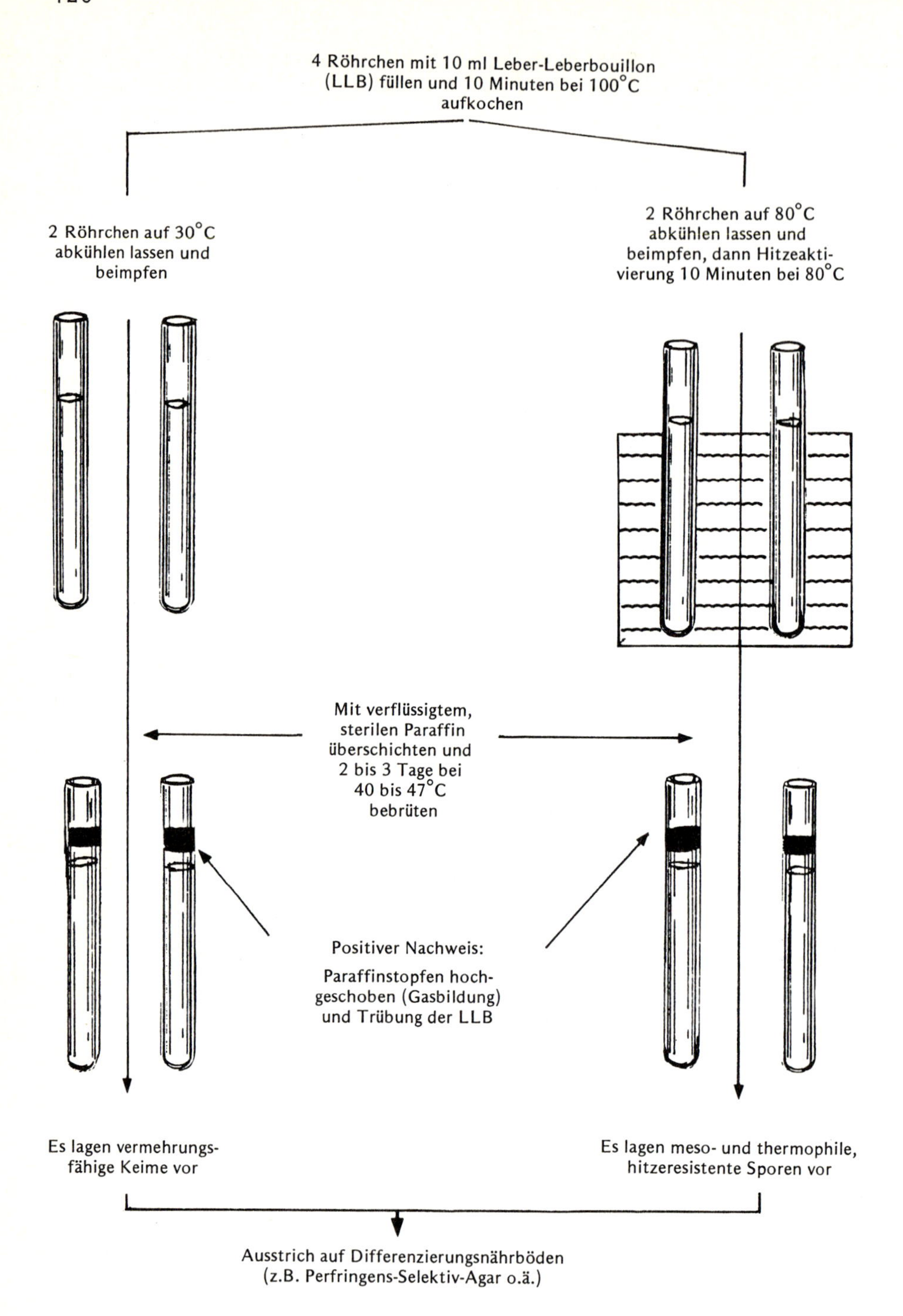

Abb. 46. Schema zum qualitativen Anaerobier-Nachweis

Der Inhalt aller vier Röhrchen wird mit verflüssigtem, sterilen Paraffin fingerbreit überschichtet und anschließend 2 - 3 Tage bei 30 - 47°C bebrütet.

Bei einem positiven Nachweis ist die Leber-Leberbouillon getrübt und der Paraffinstopfen in den Kulturröhrchen in Folge einer Gasbildung hochgeschoben.

Proteolyten

Proteolytische Mikroorganismen vermögen durch Hydrolyse einen Proteinabbau durchzuführen. Der Abbau führt bei proteinhaltigen Nahrungsmitteln zu Veränderungen im Geschmack und Geruch. Viele Proteolyten sind den psychrotrophen Mikroorganismen zuzuordnen. die bei hoher Anwesenheit zum Verderb von Fleisch, Fisch, Geflügel und Milch sowie Milchprodukten führen können. Anderseits tragen Proteolyten aber auch zu gewünschten Reifungsprozessen und Aromabildungen, so zum Beispiel Käse- und Rohwurstreifung bei.

Nachweis

Für den Nachweis hat sich der modifizierte Calcium-Caseinat Agar nach FRAZIER und RUPP bewährt. Dieser hemmstofffreie Nährboden enthält Casein, welches von Proteolyten abgebaut werden kann.

Die Kultivierung erfolgt über das Plattenguß- oder Oberflächenspatel-Verfahren. Nach einer Inkubation von 2 - 3 Tagen bei 30°C (für Psychrotrophe 10 Tage bei 7°C) erfolgt die Auswertung.

Die gewöhnlich einzeln liegenden Kolonien mit gut erkennbaren Aufhellungshöfen im sonst trüben Nährboden werden als Proteolyten gewertet. Sind die Höfe nicht eindeutig erkennbar, werden die Platten mit verdünnter Essigsäure überflutet. Dadurch wird das Casein ausgefällt und die Höfe treten besser hervor.

Zu den Proteolyten zählen u.a.:

- *Bacillus* species
- *Clostridium* species
- *Pseudomonas* species
- *Proteus* species
- *Streptococcus faecalis*

Lipolyten

Lipolytische Mikroorganismen führen entsprechend ihrer Stoffwechselleistung zu hydrolytischem oder oxidativem Fettverderb.

- Lipolytische Schimmelpilze: *Aspergillus*, *Penicillium*, *Rhizopus*, *Cladosporium*, *Fusarium*, *Alternaria*
- Lipolytische Hefen : *Candida*, *Rhodotorula*, *Hansenula*
- Lipolytische Bakterien : *Pseudomonas*, *Serratia*, *Staphylococcus*, *Alcaligenes*, *Achromobacter*

Besonders von einem Verderb betroffen sind Butter, Margarine, Milchprodukte sowie andere fetthaltige Nahrungsmittel.

Nachweis

Tributyrin-Agar nach ANDERSON ist ein Elektivagar zum Nachweis und zur Keimzählung lipolytischer Mikroorganismen in Butter und anderen fetthaltigen Lebensmitteln. Der Nährboden enthält Tributyrin als Reaktionskörper. Es hat sich erwiesen, daß die meisten fettspaltenden Mikroorganismen auch Tributyrin abbauen. Dieser Abbau verläuft wesentlich schneller als der des Butterfettes. Bei Abbau des Tributyrins entstehen Aufhellungshöfe um die Lipolyten-Kolonien, somit ist ein unschweres Erkennen gewährleistet.

Vom fetthaltigen Probematerial wird mit einer, Tween 80 als Emulgator enthaltenden, verdünnten Ringerlösung eine Verdünnungsreihe in fallenden Zehnerpotenzen angelegt. Um eine bessere Löslichkeit zu gewährleisten, sollte auf 40°C temperiert werden. Nach kräftigem Schütteln wird sofort je Petrischale 1 ml einpipettiert und etwa 10 ml des auf ca. 45°C abgekühlten Nährbodens eingegossen und gut vermischt. Die Bebrütung erfolgt über 72 h bei 30°C.

Halophile

Als halophil werden solche Mikroorganismen bezeichnet, die eine gewisse Konzentration an Natriumchlorid für ihre Vermehrung benötigen bzw. tolerieren.

Auf Grund ihrer Vermehrung in bestimmten Kochsalzkonzentrationen lassen sich halophile Mikroorganismen in drei Gruppen einteilen:

- Schwach Halophile : *Pseudomonas*, *Acinetobacter*, *Flavobacterium*
  Vermehrung bei 2 - 5% NaCl
- Mäßig Halophile : Arten der Familien Bacillaceae und Micrococcaceae sowie die Gattung *Achromobacter*
  Vermehrung bei 5 - 20% NaCl
- Stark Halophile : *Halobacterium*, *Halococcus*
  Vermehrung bei 20 - 30% NaCl

Halophile Mikroorganismen sind Verderbniserreger von gepökelten Fleisch- und Fischerzeugnissen.

Nachweis

Ein qualitativer sowie quantitativer Nachweis erfolgt über Verdünnungsstufen und anschließender Kultivierung im Plattenguß- oder Oberflächenspatel-Verfahren auf Caseinpepton-Sojamehlpepton Agar mit einer entsprechenden NaCl-Zugabe.

Der Verdünnungsflüssigkeit und dem Nährboden sollten 3 - 5% NaCl zugegeben werden. Die Bebrütung erfolgt bei mesophilen Keimen bei 25°C für 4 Tage, bei psychrophilen Mikroorganismen bei 7°C für 7 Tage.

Werden stark halophile Keime vermutet, beträgt die NaCl-Zugabe zur Verdünnungsflüssigkeit und zum Nährboden 25 - 30%. Die Inkubationszeit beträgt dann 10 Tage bei 25°C.

Hefen und Schimmelpilze, Gesamtzahl

Hefen und Schimmelpilze wachsen bevorzugt auf Nährmedien mit pH-Werten von 5,5 und darunter. Die relativ niedrigen pH-Werte fördern eine Selektion gegenüber einer Bakterienbegleitflora. Durch Einstellen auf extreme pH-Werte wie etwa 4 - 3,5 ist ein Selektionseffekt verstärkbar.

Sollen Pilze aus stark mit Bakterien kontaminierten Nahrungsmitteln isoliert werden, ist ein Zusatz selektiv hemmender Stoffe zum Nährboden empfehlenswert.

Solche Hemmstoffe sind in der Regel Antibiotika wie:

		Zusatzmengen pro 1 l Nährboden
- Penicillin		20.000 I.E.
- Streptomycin		40 mg
- Chloramphenicol	bis	400 mg
- Oxytetracyclin		0,1 g

Für die Isolierung von Hefen und Schimmelpilzen aus Nahrungsmitteln wird vom Homogenisat bzw. dessen Verdünnungsstufen ausgegangen. Für die Kultivierung eignen sich Oberflächenspatel-, vorzugsweise das Plattenguß-Verfahren.

Nach einer Bebrütung der beimpften Platten bei 20 - 24°C für 4 - 6 Tage werden die Platten auf Wachstum gesichtet und ausgewertet.

Die als Hefen gesichteten Kolonien müssen mikroskopisch als solche bestätigt werden. Eine Grobdifferenzierung der typisch gewachsenen Schimmelpilzkolonien kann ebenfalls mit Hilfe eines Mikroskopes durchgeführt werden.

Osmotolerante Hefen

Osmotolerante Hefen gefährden Produkte mit hohem Zucker- oder Salzgehalt und einer niedrigen Wasseraktivität. Die Osmotoleranz ist kein Artenmerkmal; zahlreiche Hefen mit osmotoleranten Stämmen sind bekannt. *Saccharomyces rouxii*, die wohl bekannteste osmotolerante Hefe, ist ein Schädling in Honig und Süßwaren. Sie wächst auf Nährböden jeder Zuckerkonzentration.

Quantitativer Nachweis

Dieser Nachweis erfolgt über die Zählung der koloniebildenden Einheiten. Als Nährboden dient der Würze Agar, der im Plattenguß- oder Oberflächenspatel-Verfahren beimpft wird. Dieser Nährboden wird nicht in dest. Wasser, sondern in einem Sirup, welcher aus 35% Saccharose und 10% Glukose besteht, gelöst.

Durchführung. Nach Anlegen einer Verdünnungsreihe im Kulturröhrchen wird beim Plattenguß-Verfahren je 1 ml aus den Verdünnungsstufen in Einmal-Petrischalen pipettiert und mit ca. 15 ml noch flüssigem Würze Agar gut vermischt, beim Oberflächenspatel-Verfahren 0,1 ml Verdünnung auf der getrockneten Oberfläche des Agars ausgespatelt.

Die Bebrütung erfolgt für 3 - 6 Tage bei 25 - 28°C.

Qualitativer Nachweis

Der Nachweis wird als Gärtest mit Gärröhrchen nach EINHORN durchgeführt. Ein Gärröhrchen wird mit einer Probe, welche zuvor mit einer Fruktoselösung homogenisiert wurde so gefüllt, daß sich die Lösung im gesamten Schenkel befindet (Abb. 47)

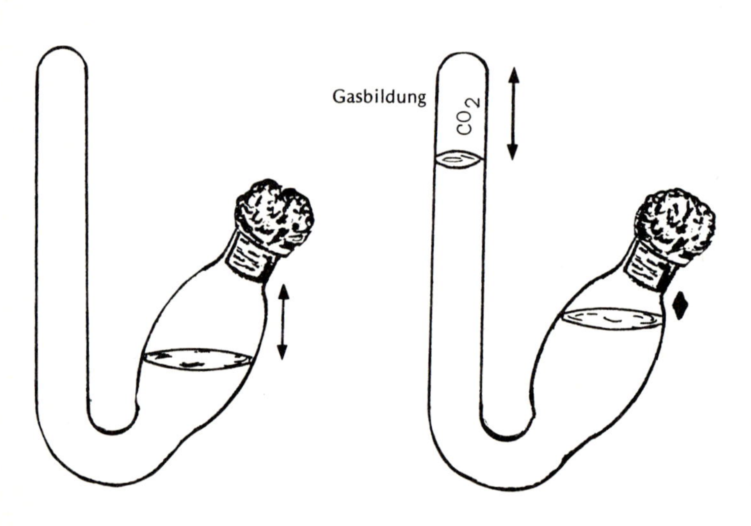

Abb. 47. Gärröhrchen nach EINHORN vor und nach der Bebrütung. *Links:* Ansatz; *rechts:* positive Reaktion

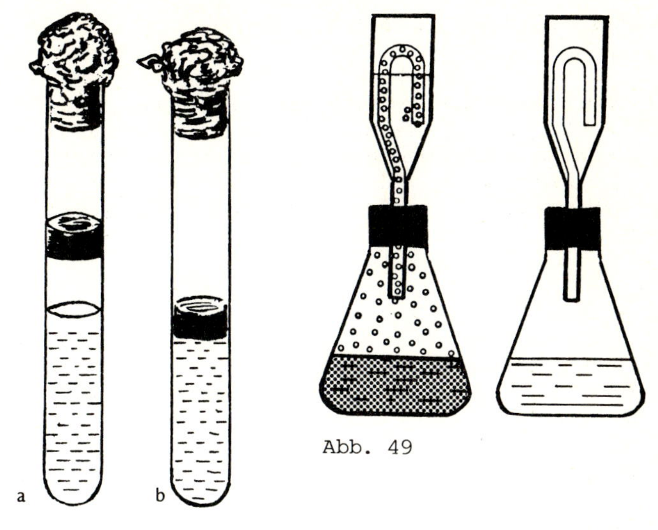

Abb. 48a,b. Röhrchen mit positivem und negativem Ergebnis. a) positiver Befund, Paraffinpfropf aufgrund von Gasbildung hochgeschoben; b) negativer Befund, Paraffinpfropf verbleibt auf dem Flüssigkeitsspiegel

Abb. 49. Gärkolben nach ZIMMERLI. *Links:* positiver Befund; *rechts:* negativer Befund

Fruktose-Lösung

40 - 75 g	Fruktose (je nach Ermittlung der Osmotoleranz)
0,06 g	Pepton
0,03 g	Hefeextrakt
100 ml	dest. Wasser

Nach einer Bebrütung von 3 - 5 Tagen bei 25 - 28°C wird bei Anwesenheit osmotoleranter Hefen eine Gasbildung im Gärröhrchen sichtbar.

MPN-Zählung hochosmotoleranter Hefen

Eine Homogenisation bzw. Verdünnung der zu untersuchenden Lebensmittelprobe erfolgt direkt in einer 60%igen (Gew./Gew.%)[4] Glukoselösung. Danach erfolgt eine Verteilung auf Kulturröhrchen mit Zugabe weiterer Glukoselösung, eine Überschichtung mit verflüssigtem, sterilen Paraffin schließt sich an.

Nach einer Bebrütung von 4 - 7 Tagen bei 25 - 28°C wird auf Gasbildung kontrolliert.

Ein hochgeschobener Paraffinpfropf zeigt eine Gasbildung (Abb. 48), also ein Vorhandensein osmotoleranter Hefen, an.

---

[4]Anmerkung: In der Literatur werden oft unterschiedliche Angaben bzgl. Zuckerkonzentration verwendet. Um Vergleiche zu ermöglichen und Mißverständnisse zu vermeiden, werden nachfolgend die gebräuchlichsten Angaben vorgestellt:

- Gew./Gew.-% (x g Zucker in 100 - x g Wasser)
- Gew./Vol-Gesamtlösung (x g Zucker in 100 ml Gesamtlösung)
- Gew./Vol-Wasser (x g Zucker in 100 ml Wasser)

Soll die MPN-Zählung aus einer größeren Menge Probematerial erfolgen, so müssen anstelle der Reagenzröhrchen Gärkolben (Abb. 49) verwendet werden. Auf die Gärkolben werden Gäraufsätze gesteckt, die mit Barytwasser beschickt sind. Das durch Hefen gebildete CO_2 läßt Bariumcarbonat ausfallen, was als positiver Nachweis gewertet wird.

Aspergillus flavus und *Aspergillus parasiticus*

Beide Schimmelpilzarten bilden Aflatoxine und kommen auf zahlreichen Lebensmitteln vor. Besonders gefährdet sind Nußkerne jeglicher Art und daraus hergestellte Produkte.

Toxische und nichttoxische *Aspergillus*-Stämme können kulturell nicht unterschieden werden.

Nachweis

Das Probematerial wird mit der neunfachen Menge Peptonwasser in einen Stomacherbeutel überführt und ca. 1 - 3 min im Stomachergerät homogenisiert. Nach Anlegen einer dezimalen Verdünnungsreihe werden je 0,1 ml des Homogenisates auf Nährbodenplatten im Oberflächenspatel-Verfahren ausplattiert.

- Nährboden für den *Aspergillus*-Nachweis

Trypton	15,0	g
Hefeextrakt	10,0	g
Eisen-III-Citrat	0,5	g
Chloramphenicol	50	mg
Chlortetracyclin	50	mg
dest. Wasser	1000	ml

Nach der Sterilisation des Basisnährbodens für 15 min bei 121°C werden die Antibiotika als wässrige Lösung dem auf ca. 50°C abgekühlten Nährboden zugegeben, dieser komplette Nährboden wird zu Platten ausgegossen.

Nach Bebrütung der beimpften Nährböden für 3 Tage bei 25°C erfolgt die Auswertung. *Aspergillus flavus* und *Aspergillus parasiticus* bilden ein gelborangefarbenes Pigment auf der Rückseite der Kulturen, welches durch den durchsichtigen Petrischalenboden sichtbar ist.

Eine mikroskopische Bestätigung sollte sich stets anschließen.

Penicillium expansum

Penicillium expansum ist als Fäulniserreger von Gemüsen und Früchten, insbesondere von Äpfeln bekannt. Bei Äpfeln führt dieser Schimmelpilz zur sogenannten Braunfäule.

Penicillium bildet neben den Schimmelpilzarten *Aspergillus clavatus* und *Byssochlamys nivea* das Mycotoxin Patulin.

Nachweis

Von den angelegten dezimalen Verdünnungsstufen werden je 0,1 ml auf CZAPEK-DOX-Nähragarböden im Oberflächenspatel-Verfahren ausplattiert.

Nach einer Bebrütung von 2 - 4 Tagen bei 25°C bildet *Penicillium expansum* gelbgrüne bis blaugrüne Kolonien mit einem frucht-aromatischen Geruch. Die Rückseite der Kolonie, welche durch den durchsichtigen Petrischalenboden betrachtet werden kann, ist farblos, gelb bis gelbbraun.

Zur weiteren Bestätigung wird von einer Kolonie der grünen, asymmetrisch wachsenden *Penicillium*-Art mit einer Platinnadel etwas Conidienmaterial aufgenommen und in einen gesunden, reifen Apfel, dessen Oberfläche mit 70%igem Alkohol desinfiziert wurde, eingestochen.

Auswertung. *Penicillium expansum* bildet als einzige Art in ca. 10 Tagen bei 25°C braune Faulstellen von 3 - 4 cm Durchmesser. Die Faulstellen sind durch grüne Conidienpolster charakterisiert.

Einige Stämme der nahe verwandten Art *Penicillium verrucosum* können Faulstellen von 1 - 2 cm Durchmesser bilden.

Byssochlamys - Ascosporen

Die Ascosporen des Schimmelpilzes *Byssochlamys nivea* und *fulva* können auf Grund ihrer Resistenz gegen Hitze und verschiedener chemischer Einflüsse, insbesondere in saueren Obstkonserven, Fruchtsäften und Konzentraten mit pH-Werten unterhalb 4,5 - 4,0 vorkommen und durch ihr anspruchsloses Sauerstoffbedürfnis auch in geschlossenen Behältnissen zum Verderb führen.

Die *Byssochlamys*-Arten kommen vor allem auf Obst vor. Mit Ascosporen kontaminierte Rohware stellt für die einer schonenden Hitzebehandlung unterzogenen Fruchtsäfte und Obstkonserven eine ernste Gefahr dar. Die Ascosporen tolerieren 70°C über mehrere Stunden. Nicht abtötende Hitzebehandlungen aktivieren sogar die Keimfähigkeit der Ascosporen.

Nachweis

50 - 100 g Untersuchungsmaterial wird direkt in den sterilen Aufsatz eines Homogenisators eingewogen. 100 ml einer sterilen, 5%igen Hefeextraktlösung, welche mit HCl auf einen pH-Wert von 3,5 eingestellt wurde, wird hinzugefügt. Nach einer gründlichen Homogenisation wird das Homogenisat in eine sterile Steilbrustflasche überführt und 2 h im Wasserbad auf 70°C gehalten.

Nach dem Abkühlen der Probe werden 10 ml Portionen in sterile Petrischalen gegossen und mit 10 ml doppeltkonzentriertem, mit 10%iger Weinsäure auf pH 3,5 eingestelltem, Kartoffel-Glukose Agar vermischt.

Die Bebrütung erfolgt bei 30 - 32°C für 2 - 5 Tage. Die Koloniefarbe von *Byssochlamys nivea* ist weiß, die von *Byssochlamys fulva* gelb-grün.

Physikalische Hilfsuntersuchungen

Wasseraktivität

Alle Organismen, also auch Mikroorganismen, sind ohne Wasser nicht lebensfähig. Nährstoffe werden erst durch Wasser in gelöste Formen gebracht; der Transport von Nährsubstraten und Stoffwechselprodukten ist nur in gelöster Form möglich.

Bei Entzug des lebensnotwendigen Wassers kommt der Stoffwechsel der Mikroorganismen zum Erliegen, Wachstum und Vermehrung werden eingestellt. Empfindliche, vegetative Zellen sterben ab. Nur Mikroorganismen, welche zur Sporenbildung befähigt sind, können überleben. Sporen sind in der Lage, eine mehrjährige Trockenheit zu überdauern.

Die Entwicklung und Lebensfähigkeit von Mikroorganismen ist weniger vom absoluten Feuchtigkeitsgehalt im Lebensmittel abhängig, als vom Gehalt an mobilem, d.h. verfügbarem oder aktivem Wasser. Die physikalische Größe für aktives Wasser wird im a_w-Wert[5] ausgedrückt.

Alle Mikroorganismen wachsen ungehemmt bei a_w-Werten zwischen 1,0 und 0,98. Bei Werten um 0,90 werden die meisten bereits in ihrem Wachstum gehemmt. Mikroben, die bei a_w-Werten zwischen 0,60 und 0,90 noch entwicklungsfähig sind, wachsen allerdings nur noch sehr langsam. Unter einem a_w-Wert von 0,60 ist kein Wachstum mehr möglich.

Der a_w-Wert gibt das Verhältnis des Dampfdruckwertes eines bestimmten Substrates zu dem des reinen Wassers an.

$$a_w = \frac{p}{p_o}$$

wobei p = Wasserdampfdruck des Lebensmittels

p_o = Dampfdruck des reinen Wassers bei gleicher Temperatur

Die Wasseraktivität kann also Werte bis maximal 1,0 einnehmen

Durch bestimmte Zusätze kann die Wasseraktivität eines Nahrungsmittels herabgesetzt und dadurch die Gefahr eines Verderbs durch Mikroben verringert werden.

---

[5] a_w: Activity of water (Wasseraktivität)

Tabelle 13. Angenäherte a_w-Werte einiger Lebensmittel

Produkt	a_w-Wert
Brühwurst	0,97
Christstollen (2 Monate alt)	0,56
Dauerbackwaren	0,1
Eier	0,97
Frischgemüse	0,97
Fleisch	0,98
Hartwurst	0,70
Käse	0,96
Leberwurst	0,96
Marzipan	0,7
Marmelade	0,86
Mischbrot (1 Tag alt)	0,93
Mehl	0,55
Obst	0,9
Trockenfrüchte	0,75
Trockensuppen	0,2
Zucker	0,1

Als Zusätze für die a_w-Wertsenkung eignen sich Kochsalz, Phosphate, Säuren und Zucker, Fette und Milcheiweiß. Sie senken die Wasseraktivität, weil sie sich im Wasser des Lebensmittels lösen und dadurch einen Teil des Wassers an sich binden. Auf diese Weise wird der Anteil mobilen Wassers, der den Mikroorganismen zur Verfügung stehen würde, verringert und so ihr Wachstum gehemmt.

Es ist daher sinnvoll, den a_w-Wert von dem zu untersuchenden Lebensmittel zu bestimmen. Ein einfaches a_w-Meßgerät besteht aus einer Dose mit einem Thermometer und einem Hygrometer. In die Dose wird beispielsweise eine Probe Fleisch von etwa 100 g eingefüllt. Über der Lebensmittelprobe muß ein Luftraum bleiben. Mittels Bajonettverschluß wird das Gerät verschlossen. Nach einer Wartezeit von 2,5 - 3 h stellt sich der a_w-Wert ein. Der Wert kann direkt auf einer Skala abgelesen werden (Tabelle 13 und 14).

Das Prinzip der Methode besteht darin, daß während der Wartezeit aus dem Nahrungsmittel Feuchtigkeit austritt, welche sich mit der relativen Luftfeuchtigkeit in der Dose vermischt. Wenn die Feuchtigkeit aus der zu untersuchenden Probe und die Luftfeuchtigkeit in der Dose sich ausgeglichen haben, steht der a_w-

Tabelle 14. Angenäherte Minimum-a_w-Werte für ein Mikroogranismen-Wachstum

Organismus	Minimum a_w
- Gruppe	
die meisten verderbniserregenden Bakterien	0,95
die meisten verderbniserregenden Hefen	0,88
die meisten verderbniserregenden Schimmelpilze	0,80
halophile Bakterien	0,75
xerophile[a] Schimmelpilze	0,65
osmophile Hefen	0,60
- Spezielle Organismen	
Acinetobacter	0,96
Aspergillus niger	0,89
Bacillus subtilis	0,95
Clostridium botulinum	0,95
Enterobacter aerogenes	0,95
Escherichia coli	0,96
Mucor spezies	0,93
Penicillium spezies	0,98
Pseudomonas	0,97
Rhizopus spezies	0,98
Saccharomyces rouxii	0,62
Salmonella spezies	0,95
Staphylococcus aureus	0,86

[a] Griech.: xeros = trocken

Wert fest. Die Messung muß bei 20°C vorgenommen werden, da die relative Luftfeuchtigkeit temperaturabhängig ist.

pH-Wert

Die meisten Mikroorganismen entwickeln sich am besten in Medien um den Neutralbereich, d.h. bei pH-Werten von 6,5 - 7,5. Je niedriger der pH-Wert, desto langsamer verläuft das mikrobielle Wachstum (Tabelle 15).

Tabelle 15. Angenäherte pH-Wert-Bereiche für ein Mikroorganismenwachstum

Organismus	pH-Bereich
Bacillus spezies	4,5 - 8,5
Escherichia coli	4,4 - 9,0
Lactobacillus spezies	3,0 - 7,2
Pseudomonas spezies	3,0 - 11,0
Salmonella spezies	4,5 - 8,0
Staphylococcus	4,5 - 8,5
Streptococcus lactis	4,3
Hefen	1,5 - 8,5
Schimmelpilze	1,5 - 11,0

Viele Eubakterien, vor allem die Darmbakterien und Fäulniserreger bevorzugen pH-Werte von 7,0 - 8,5; Milch- und Essigsäurebakterien pH-Werte zwischen 7,0 und 4,5. Hefen und Schimmelpilze lieben ein saures Milieu und ertragen pH-Werte bis 3,0.

Drastische pH-Verschiebungen im Lebensmittel können durch mikrobielle Zersetzungsvorgänge hervorgerufen werden. Der pH-Wert allein ist jedoch in den seltensten Fällen, insbesondere bei Fleisch und Fisch, geeignet, um den Beurteilungsmaßstab einer mikrobiellen Zersetzung festzulegen; er ist immer nur als ein Hilfskriterium anzusehen (Tabelle 16).

Tabelle 16. Angenäherte pH-Werte einiger Nahrungsmittelprodukte

Produkt	pH-Wert	Produkt	pH-Wert
- Gemüse		- Molkereiprodukte	
Aubergine	4,5	Butter	6,1 - 6,4
Blumenkohl	5,6	Buttermilch	4,5
Bohnen	4,6 - 6,5	Milch	6,3 - 6,5
Broccoli	6,5	Sahne	6,5
Grünkohl	5,4 - 6,0		
Karotten	4,9 - 5,8	- Fleisch und Geflügel	
Kartoffeln	5,3 - 5,6		
Kürbis	4,8 - 5,2	Kalbfleisch	6,0
Petersilie	5,7 - 6,0	Rindfleisch	5,1 - 6,2
Rhabarber	3,1 - 3,4	Schweinefleisch	5,9 - 6,5
Rosenkohl	6,3	Hähnchen	6,2 - 6,4
Salat	6,0		
Sellerie	5,7 - 6,0	- Fisch und Schalentiere	
Spinat	5,5 - 6,0		
Tomaten	4,2 - 4,3	die meisten Fischarten	6,6 - 6,8
Zwiebeln	5,3 - 5,8	Lachs	6,1 - 6,3
		Thunfisch	5,2 - 6,1
- Obst		Austern	4,8 - 6,3
Äpfel	2,9 - 3,3	Krabben	7,0
Bananen	4,5 - 4,7	Miesmuscheln	6,5
Grapefruit	3,0	Shrimps	6,8 - 7,0
Honigmelonen	6,3 - 6,7		
Orangen	3,6 - 4,3		
Pflaumen	2,8 - 4,6		
Wassermelonen	5,2 - 5,6		
Weintrauben	3,4 - 4,5		
Zitronen	1,8 - 2,0		

Teil II

Aspekte zum Stichprobenplan

Die Aussage über die mikrobiologische Beschaffenheit eines Fertigproduktes wird maßgeblich über die Anzahl der untersuchten Muster pro Fabrikationseinheit mitbestimmt.

Die mathematisch-statistische Grundlage des Musterzuges sind sequentielle Prüfpläne auf der Basis einer 95%igen Sicherheit. Die Mindestprobezahl ist jedoch nicht als feste Größe, sondern von Produkt zu Produkt unterschiedlich und von vielen anderen Faktoren abhängig.

Die vielfach gebrauchte Formulierung, daß ein Lebensmittel "frei von pathogenen Keimen" sein müsse ist unsachlich, weil sie methodisch nicht erfüllbar ist.

Die Kommission der Europäischen Gemeinschaften, Blatt C 252/9 (1981) bemerkt treffend:

> "Verlangt eine Norm, daß ein bestimmter Mikroorganismus nicht vorhanden ist, so ist die Größe der Probe anzugeben. In der Praxis allerdings kann kein durchführbarer Probenahmeplan das Fehlen eines bestimmten Organismus absolut garantieren."

Weiter heißt es:

> "Probenahmepläne müssen verwaltungsmäßig und wirtschaftlich durchführbar sein und angeben, nach welchen Entscheidungskriterien eine Partie für zulässig erklärt wird. Insbesondere ist die heterogene Verteilung der Mikroorganismen in Rechnung zu stellen."

Jedes in Verkehr zu bringende Nahrungsmittel kann, sofern es nach den GMP-(Good Manufacturing Practice) Richtlinien hergestellt wurde, nur den mikrobiologischen Status erreichen, welcher von den verarbeiteten Rohstoffen vorgegeben wird.

Das bedeutet in der Praxis, daß Hauptaugenmerk auf Präventiv-Maßnahmen zu legen, also auf die Rohstoffeingangs- sowie Produktionskontrolle.

Aufgrund der mikrobiologischen Gefährdung sowie im Hinblick auf den Konsumentenkreis, ist es sinnvoll, Lebensmittel bzw. Lebensmittel-Gruppen in sogenannte Gefahrenklassen zu unterteilen. Je nach Gefahrenklasse ist der Stichprobenplan zu gestalten.

In der Bundesrepublik Deutschland gibt es bisher keine verbindlich empfohlenen Stichprobenpläne, eine Ausnahme bildet der Probenahmeplan innerhalb der Eiprodukte-Verordnung.

Man wird jedoch in der Zukunft davon ausgehen dürfen, daß solche Pläne, ähnlich denen der schweiz. Lebensmittelgesetzgebung oder der Empfehlung der ICMSF, verabschiedet werden.

Grundlagen

Die lebensmittelmikrobiologische Qualitätskontrolle hat statistischen Charakter. Ist der Kontaminationsgrad mit unerwünschten Keimen sehr hoch, so nähert sich die Wahrscheinlichkeit eines positiven Befundes. Bei geringfügiger Kontamination hingegen, sind Aussagen über den mikrobiologischen Status grundsätzlich zufallsbehaftet. Diese Erkenntnis hat in den letzten 10 Jahren zu einer intensiven Diskussion über Stichprobenpläne im Rahmen der lebensmittelmikrobiologischen Kontrolle geführt. Das entscheidende Ergebnis ist zweifellos darin zu sehen, daß die Zusammenhänge zwischen Stichprobenumfang und Risiko statistisch bearbeitet wurden (ICMSF 1974, FDA 1978, FOSTER 1971). Weiterhin ist es wesentlich, Qualitätsaussagen, sofern möglich, in einzelne Losgrößen (Chargen, Lot, Batch) einzugrenzen.

Heutige Bemusterungspläne basieren auf sogenannten 2- und 3-Klassen-Stichproben, wobei das Ergebnis der mikrobiologischen Prüfung stets und unvermeidlich mit einem Restrisiko behaftet ist, dem sogenannten "consumer risk", dem gegenüber steht das "producer risk" (ICMSF 1974).

Unter Berücksichtigung des Konsumentenkreises, des Risikos der verarbeiteten Rohstoffe und der Zubereitung des Nahrungsmittels zum Verzehr sind Grenz- und Toleranzwerte von Keimen bzw. Mikroorganismen-Gruppen festgelegt oder festzulegen.

Losgröße

Eine Losgröße, auch oftmals mit den Synonymen Charge, Partie, Lot, Batch etc. belegt, ist eine bestimm- und abgrenzbare Gesamtheit von Erzeugnissen, die aufgrund ihrer Kennzeichnung, wie beispielsweise Chargennummer, Fabrikationsdatum, ihrer Herkunft und ihrer Rohstoffe, als zusammenhängend erkannt oder vom Besitzer als zusammengehörend bezeichnet wird.

Das Wesentliche einer Produktionslosgröße oder -charge ist ihre Homogenität, bzw. diejenigen Produktionsabschnitte, die nach technologischem Ablauf und Rohstoffeinsatz als zusammenhängend gelten können. Dabei ist die mengenmäßige Größe einer Charge irrelevant. So können sich Losgrößen auf Stunden-, Tages- oder gar Wochenproduktionen beziehen. Von Bedeutung dagegen ist, daß Losgrößen fabrikationstechnisch durch keinerlei Maßnahmen, wie Maschinenstillstand aufgrund von Reinigungsmaßnahmen, längerer Schichtwechsel etc., unterbrochen wurden.

Wie bereits erwähnt, kann eine Losgröße aus Einzelgebinden bestehen, die wiederum eine Chargenbezeichnung tragen, aus der die Zusammengehörigkeit hervorgeht.

GMP-Richtlinien

Die GMP (Good Manufacturing Practice)-Standards legen Richtlinien für die lebensmittelverarbeitende Industrie fest, welche bestrebt sind, Produkte mit akzeptabler mikrobiologisch-hygienischer Qualität herzustellen.

Die Richtlinien verlangen die Protokollierung und hygienische Überprüfung des Fabrikationsablaufs, der Be- und Verarbeitungsmaschinen, der Fabrikationsräume, des Personals etc. sowie die chargenbezogene mikrobiologische Überprüfung der in Verkehr zu bringenden Lebensmittel.

Grenz- und Toleranzwerte

Der Grenzwert bezeichnet im allgemeinen die Menge von Mikroorganismen, bei deren Überschreitung ein Produkt nicht mehr den internen oder gesetzlich festgelegten Anforderungen genügt.

Der Toleranzwert bezeichnet eine Menge von Mikroorganismen, die in einem Produkt bei sorgfältiger Auswahl der Rohmaterialen, guter Herstellpraxis (GMP-Richtlinien) und sachgerechter Lagerung erfahrungsgemäß nicht überschritten wird.

Klassenplan

Die von der International Commission on Microbiological Specification for Foods (ICMSF) 1974 vorgeschlagenen Stichprobenpläne basieren zunächst auf unterschiedliche Risikogruppen der hygienischen Gefährdung der einzelnen Nahrungsmittel. Die Lebensmittel sind nach statistischen 2- oder 3-Klassen-Probepläne zu bemustern. Je nach Risikostufe sind 5, 10, 15, 20, 30 oder 60 Parallel-Analysen als differenzierte Grenzwerte anzugeben.

Während bei den 2-Klassen-Plänen nur Anwesenheit/Abwesenheit-Tests durchgeführt werden, zeichnen sich die 3-Klassen-Pläne durch quantitative Nachweise aus; es werden also Koloniezahlen bestimmt. Der 2-Klassen-Plan findet bei der Untersuchung auf hochpathogene Mikroorganismen, wie beispielsweise Salmonellen, Anwendung, da man einem Nahrungsmittel keinen "akzeptablen bzw. tolerierbaren Salmonellengehalt" zuordnen kann.

Der 3-Klassen-Plan läßt dagegen einen Spielraum offen, nämlich den der differenzierten Eignung, wobei eine erlaubte und eine

Tabelle 17. Erläuterung des 2- und 3-Klassen Probeplans

Produkt	Risiko-kategorie[a]	Kriterium	k	n	c	Limit / g m	M
instant. Pulver	hohe Gefährdung	Aerobe Keimzahl	3	5	1	10.000	100.000
		Staph. aureus	3	5	1	10	100
		Bac. cereus	3	5	1	100	1.000
		Cl. perfringens	3	10	1	100	1.000
		Coliforme	3	5	2	10	1.000
		E. coli	3	5	2	<3[b]	10
		Salmonella	2	60	0	0	—

[a] Die Risikokategorie basiert auf der Annahme, daß Rohstoffe tierischen Ursprungs, z.B. Kaseinate oder Eiklarpulver, verarbeitet wurden, sowie auf die Zielgruppe der Konsumenten, nämlich kranke Personen bzw. Rekonvaleszente

[b] gemäß MPN-Technik

k = Klasse; n = Zahl der zu bemusternden und zu untersuchenden Proben je Losgröße; c = beim 2-Klassen-Probeplan die höchste Anzahl an Proben, bei denen "m" überschritten sein darf; beim 3-Klassen-Probeplan die höchste Anzahl, bei denen "m", jedoch nicht "M" überschritten sein darf; m = erlaubte Keimzahl pro g oder ml; M = höchstzulässige Keimzahl pro g oder ml

höchstzulässige Keimzahl pro g oder ml Nahrungsmittel zu Grunde gelegt wird. Dabei ist jedoch zu beachten, daß nur eine bestimmte Anzahl an Proben die höchstzulässige Keimzahl erreichen, jedoch nicht überschreiten darf.

Zur Verdeutlichung sei das vorstehende Beispiel genannt (Tabelle 17).

Eine weitere, unabdingbare Voraussetzung für die Beurteilung des mikrobiologischen Status eines Rohstoffes oder Fertigproduktes ist die objektive Bemusterung, d.h. die repräsentative Stichprobe. Ist die sequentielle Fabrikationsstichprobe vor Ort, verteilt über eine Losgröße nicht möglich, helfen sogenannte Wahrscheinlichkeitstabellen subjektive Einflüsse zu vermeiden. Es darf unter keinen Umständen geduldet werden, daß beispielsweise ein zu bemusterndes Gebinde ausgelassen wird, nur weil es vielleicht an einer schlecht zugänglichen Stelle der Palette steht.

Consumer Risk – Producer Risk

Wie schon erwähnt, ist jede mikrobiologische Prüfung stets mit einem unvermeidlichen Restrisiko behaftet. Die ICMSF prägte und erläuterte die Begriffe:

- Consumer risk

  Damit wird das Risiko bezeichnet, daß eine nicht einwandfreie Charge freigegeben wird.

- Producer risk

  Die zufallsbedingte, unangebrachte Beanstandung einer tatsächlich akzeptablen Charge.

Im Falle eines Salmonellennachweises spielt das "producer risk" jedoch keine Rolle, da man einem Nahrungsmittel keinen "akzeptablen Salmonellengehalt" zuordnen kann, der zufallsbedingt scheinbar überschritten werden könnte.

Kriterien für die Klassifizierung von Rohstoffen und Fertigwaren

Nahrungsmittel lassen sich in 3 Hauptproduktgruppen unterteilen:

1. Konserven und Sterilprodukte

2. genußfertige Lebensmittel

   a) Lebensmittel und Lebensmittelzubereitungen, die ohne weitere Zubereitung verzehrt werden;

   b) Lebensmittel und Lebensmittelzubereitungen, die zum Genuß mit warmer oder kalter Flüssigkeit angerührt werden (Instantprodukte);

   c) fertig vorbereitete Lebensmittel oder Lebensmittelzubereitungen, die vor dem Verzehr nur noch erwärmt werden;

   d) pasteurisierte Lebensmittel oder Lebensmittelzubereitungen.

3. nicht genußfertige Lebensmittel

   Lebensmittel und Lebensmittelzubereitungen, die vor dem Genuß bzw. Verzehr gekocht, gebacken, gebraten oder auf eine andere Art erhitzt oder vorbereitet werden müssen.

Gefährdung der Produkte

Entscheidende Kriterien für die Beurteilung der Gefährdung von Nahrungsmitteln für eine, nach verschiedenen Gesichtspunkten mögliche Qualitätsbeeinträchtigung sind:

- Formel der Produkte
- Herstellverfahren
- Indikation
- Zubereitung zum Konsum

Um die Gefährdung gemäß der Formel erfassen zu können, ist erforderlich, daß Rohstoffe ebenfalls nach verschiedenen Gesichtspunkten der Gefährdung beurteilt werden; diese Beurteilungen setzen gute technologische und warenkundliche Kenntnisse voraus bezüglich:

- Herkunft der Rohstoffe (pflanzlich, tierisch, synthetisch)
- Herstellung, Gewinnung, Verarbeitung
- Antimikrobielle Eigenwirkung oder Keimvermehrung

Die Beurteilung der Gefährdung gemäß Herstellverfahren richtet sich, je nach Produktion, nach den üblich angewandten Prozessen wie:

- Mischen, mahlen, kneten, schroten
- Sprüh-, walzen-, band- oder gefriertrocknen
- Extrahieren (wäßrig/organische Lösungsmittel, heiß/kalt)
- Fermentieren (kurz/lang, heiß/kalt)
- Sterilisieren, pasteurisieren
- Begasen, bestrahlen, kühllagern (eine Bestrahlung von Lebensmitteln ist in der Bundesrepublik Deutschland derzeit nicht erlaubt)

Um die Beurteilung der Gefährdung gemäß der Indikation vorzunehmen, ist die Unterscheidung folgender Konsumentengruppen entscheidend:

- Säuglinge und Kleinkinder
- Gesundheitlich beeinträchtigte Personen
- Ältere Personen
- Gesunde Kinder und Erwachsene

Bei der Beurteilung der Gefährdung gemäß der Zubereitung zum Konsum spielen zwei Zubereitungsarten eine wesentliche Rolle

- Kalt oder warm anrühren
- Kochen

Aus dieser Art der Erfassung eines jeden Produktes resultiert ein bestimmter Grad der Gefährdung und daraus letztlich der Entscheid, was für Kontrollen und in welchem Umfang, beziehungsweise in welcher Häufigkeit diese Kontrollen durchzuführen sind, damit eine ausreichende Sicherheit der Produktequalität gewährleistet werden kann (HAUERT 1982).

Durchführung von Kontrollen

Kontrollen zur ausreichenden Sicherung der Produktequalität sollten in verschiedenen Stufen der Produkteherstellung durchgeführt werden (Abb. 50).

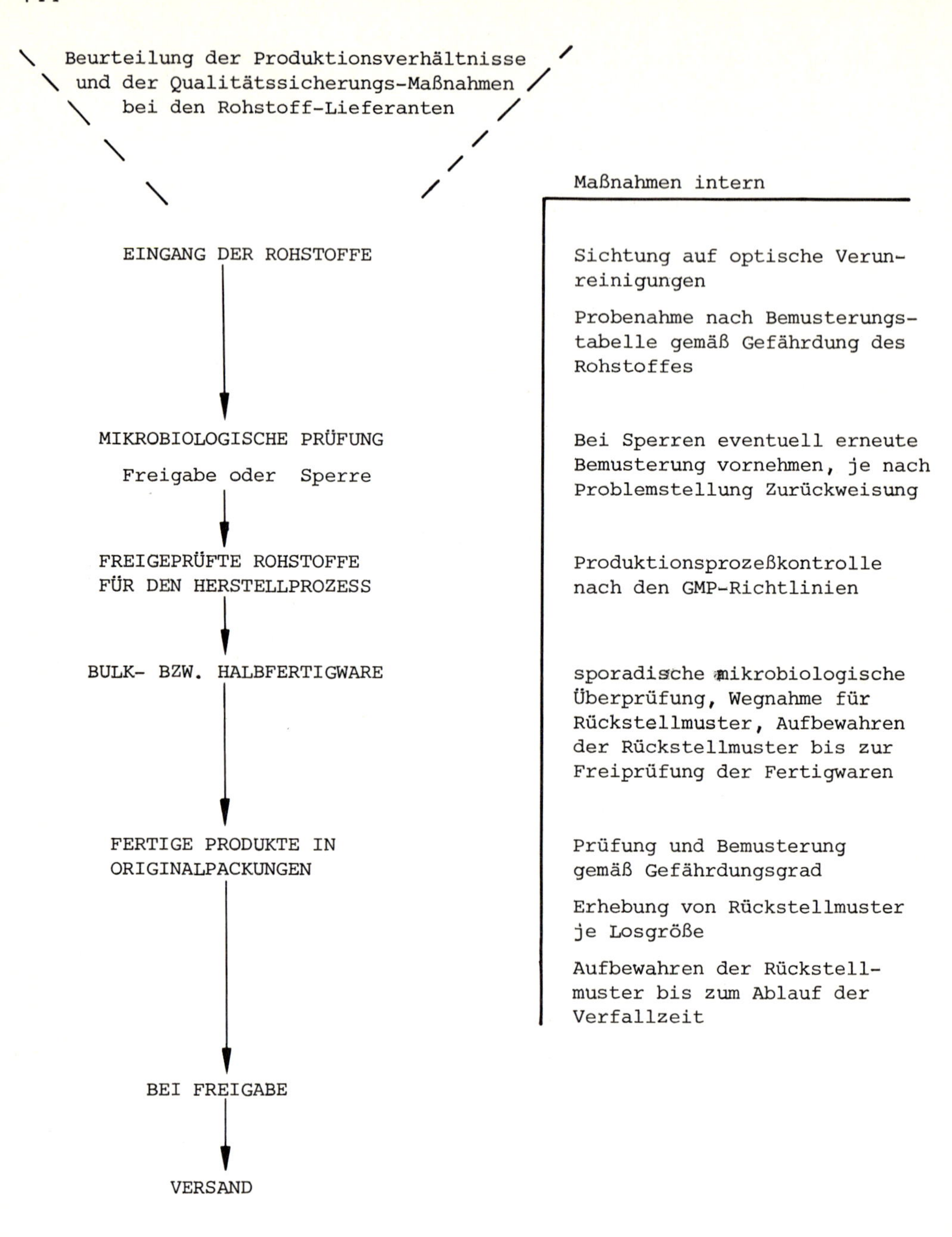

Abb. 50. Schema eines internen, mikrobiologischen Qualitätssicherungsablaufes

Die Stufen, in denen nach ausgewählten Gesichtspunkten entsprechend der Gefährdung eine mikrobiologische Qualitätsüberprüfung erfolgen sollte, sind:

- Rohstoff-Eingangskontrolle
- Fabrikationskontrolle
  (Halbfertigwaren, Produktionsanlagen, Fabrikationsprozesse, Personalhygiene)
- Ausgangskontrolle-Fertigprodukte

Zur lebensmittelmikrobiologischen Überprüfung der Qualität in den verschiedenen Fertigungsstufen werden *Produktemuster*, die für die betreffende Losgröße als repräsentativ beurteilt werden, *erhoben* und untersucht.

Die Wahl der zu überprüfenden Anforderungen sowie Umfang und Häufigkeit ist variabel und richtet sich stets nach der Beurteilung gemäß der Gefährdungskriterien.

Dabei kann nach ausgewählten Gesichtspunkten anhand eines oder mehrerer Muster, von Rohstoff-Lieferungen bzw. Produktionslosgrößen, der mikrobiologische Status festgestellt werden. Je nach Erfahrung ist auch eine periodische Kontrolle möglich.

In extremen Fällen sollten zur Prüfung besonders kritischer Spezifikationen Bemusterungspläne zur Anwendung kommen, die eine statistisch einwandfreie Aussage über die Erfüllung der geprüften Qualitätsmerkmale erlauben.

Überprüfung der Abwesenheit von Salmonellen

Die berechtigte Forderung der Konsumenten nach hygienisch einwandfreien Lebensmitteln hat zur Folge, daß die Palette der angewandten Methoden und die erfüllenden Normen erweitert werden.

Beschränkt man sich manchmal auch heute noch darauf, die mikrobiologische Qualität an Hand sogenannter Indikatorkeime kontrollieren zu wollen, so zwingt sich die Frage auf, ob dies bei allen Produktgruppen noch ausreicht. Denkt man beispielsweise an Nährmittel für Säuglinge und Kleinkinder, Rekonvaleszensnahrung für Kranke, Spezialkost für Alte, Rohstoffe wie Kasein oder Hühnereiklarpulver für die menschliche Ernährung und vergleichbare Produkte, die eventuell vor dem Verzehr keine Erhitzung erfahren, so ergeben sich hier erhebliche Bedenken. Heute zielen Stichprobenpläne darauf ab, daß bei derartigen Produkten 500 g des Materials frei von Salmonellen ist (ICMSF 1974, FDA 1978). Dies ist ein Standard, den man unmöglich durch Ansätze auf Indikatororganismen wie *Escherichia coli* oder Coliforme einhalten kann.

E.M. FOSTER veröffentlichte 1971 einen Stichprobenplan für die Untersuchung von Lebensmitteln auf Salmonellen, welcher im Prinzip von der Food and Drug Administration (FDA) im Bacteriological Analytical Manual als verbindlich vorgeschrieben wurde.

Tabelle 18. Prüf- und Bewertungsplan für 25-g-Stichproben (Nach FOSTER)

Produkt-Kategorie	Anzahl der Stichproben: alle Proben negativ	nicht mehr als 1 Probe positiv	Signifikanz: 95% Wahrscheinlichkeit, daß nicht mehr als 1 Salmonelle enthalten ist in
I	60 Proben (≙ 1500 g)	95 Proben (≙ 2375 g)	500 g
II	30 Proben (≙ 750 g)	48 Proben (≙ 1200 g)	250 g
III - V	15 Proben (≙ 375 g)	24 Proben (≙ 600 g)	125 g

Der sogenannte FOSTER-Plan stützt sich auf folgende zwei grundsätzliche Faktoren:

1. Unterschiedliche Lebensmittelarten besitzen auch unterschiedliche Risiken einer Salmonellen-Kontamination.
2. Mit einem Stichprobenverfahren kann nie absolut sicher eine Salmonellen-Kontamination ausgeschlossen werden.

Diese beiden zuvor genannten Fakten führen zur Differenzierung der drei folgenden produktabhängigen Risikofaktoren:

a) Das Produkt selbst oder eines seiner Bestandteile ist häufig mit Salmonellen kontaminiert.

b) Während der Herstellung eines Lebensmittels erfolgt keine Salmonellen-Abtötung.

c) Eine Vermehrung eventuell vorhandener Salmonellen ist bei unsachgemäßer Behandlung des Lebensmittels möglich.

Es ist verständlich, daß ein Lebensmittel, welches alle drei produktabhängigen Risikofaktoren vereinigt, gefährdeter ist, als andere ohne bzw. mit ein oder zwei Risikofaktoren. Außerdem wurde berücksichtigt, daß insbesondere Säuglinge, Alte und Kranke eine höhere Anfälligkeit gegenüber einer Salmonelleninfektion aufweisen.

Alle Fakten zusammen ergeben die Aufstellung eines Schemas mit folgenden Produktkategorien:

- Produkt-Kategorie I: Nichtsterile Lebensmittel für Kleinkinder, Alte und Kranke
- Produkt-Kategorie II: Lebensmittel mit 3 Risikofaktoren
- Produkt-Kategorie III: Lebensmittel mit 2 Risikofaktoren
- Produkt-Kategorie IV: Lebensmittel mit 1 Risikofaktor
- Produkt-Kategorie V: Lebensmittel ohne Risikofaktor

Die Food and Drug Administration (FDA 1978) schlüsselt die Lebensmittel in drei Produkt-Kategorien auf:

- Produkt-Kategorie I: Lebensmittel, welche normalerweise der Kategorie II zuzuordnen wären, ausgenommen jene, die zum Verzehr für Säuglinge, Alte und Kranke bestimmt sind.
- Produkt-Kategorie II: Lebensmittel, welche normalerweise keinem Prozeß zwischen Herstellung und Verzehr unterworfen werden, der Salmonellen abtötet.
- Produkt-Kategorie III: Lebensmittel, die normalerweise einem Prozeß unterworfen werden, der Salmonellen abtötet.

Der Untersuchungsschlüssel sowie die Bewertungstabelle (s. Tabelle 18) basiert auf Einzelproben von 25 g, die über eine Losgröße verteilt zu erheben sind.

Die für die Praxis sehr aufwendige Untersuchung von 60 Einzelmustern à 25 g läßt sich durch das Herstellen von Mischmustern wesentlich vereinfachen.

Dabei kann erfahrungsgemäß folgendermaßen vorgegangen werden (s. Abb. 51):

- 60 Muster werden so aufgeteilt, daß jeweils ca. 190 g Material pro Kolben zur Voranreicherung gelangen.
- Jedes 190-g-Muster wird separat in 1,6 l Caseinpepton-Sojamehlpepton Bouillon (je nach Produkt evtl. halbkonzentriert) nichtselektiv vorangereichert.
- Von jedem der acht vorangereicherten Mischmuster wird 10 ml in zwei sterile 200 - 250 ml Kolben überführt.
- Anschließend wird 80 ml (doppelt-konzentrierte) sterile Tetrathionat- bzw. Selenitbouillon zu je einem Kolben mit den 80 ml Voranreicherung zugefügt.
- Nach der Bebrütung der selektiven Hauptanreicherung wird aus jedem Kolben mit Hilfe einer Impföse Material entnommen und auf z.B. Brillantgrün-Phenolrot-Laktose-Saccharose-, *Salmonella*/*Shigella*-, Wismut-Sulfit Agar oder ähnlich selektiven Nährböden fraktioniert ausgestrichen und diese Ausstriche anschließend bebrütet.

Verdächtig gewachsene Kolonien werden biochemisch, eventuell serologisch oder mit polyvalenten 0-1-Phagen überprüft.

Das nachfolgend aufgeführte Schema verdeutlicht den Arbeitsgang.

Eine Materialersparnis an Nährböden und Petrischalen ist möglich, wenn auf einer Nährbodenplatte die Ausstriche aus den zwei Hauptanreicherungskulturen angefertigt werden.

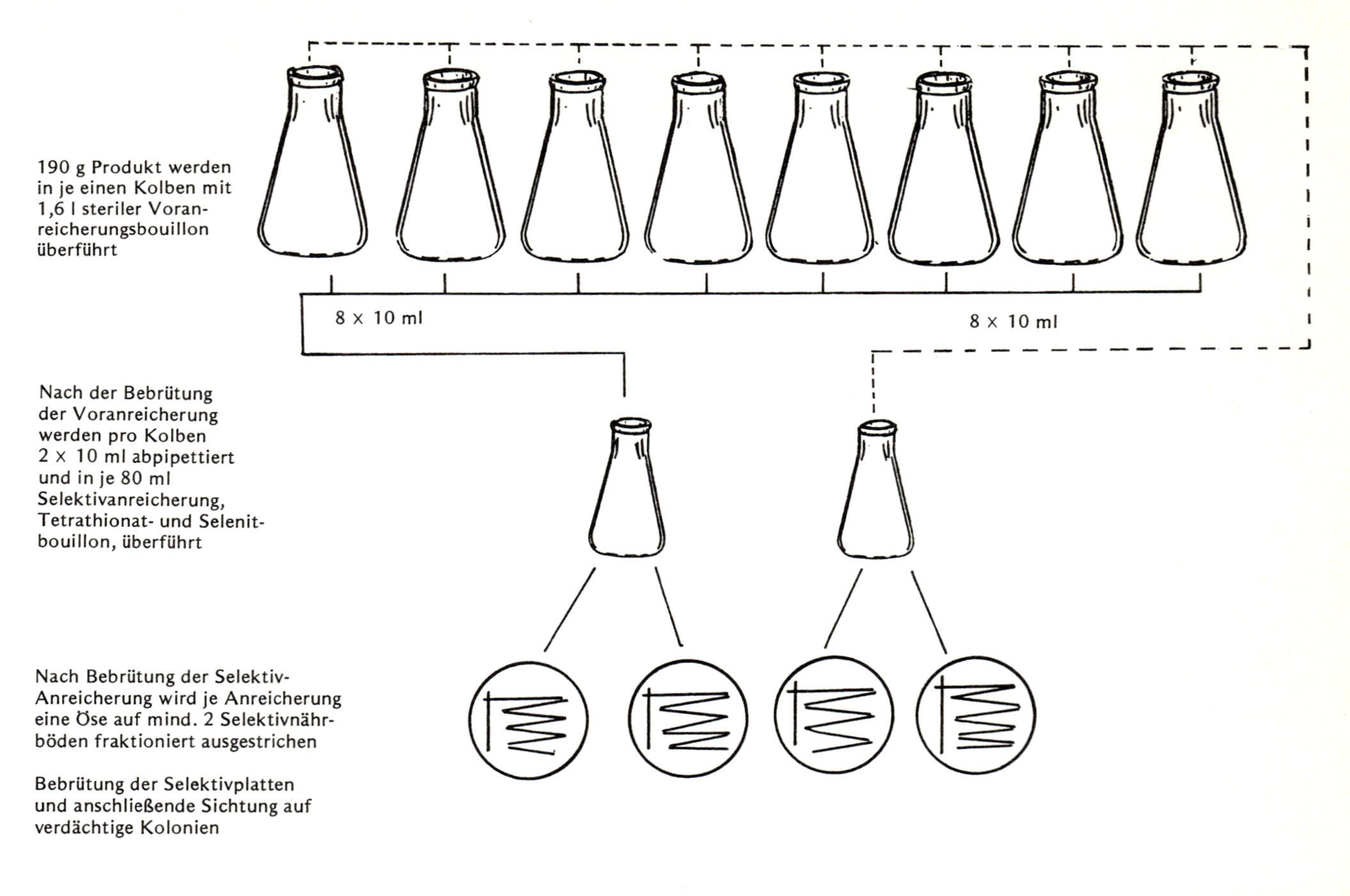

Abb. 51. Vereinfachtes Schema für den Nachweis der Abwesenheit von Salmonellen in mikrobiologisch kritischen, instantisierten Nahrungsmitteln

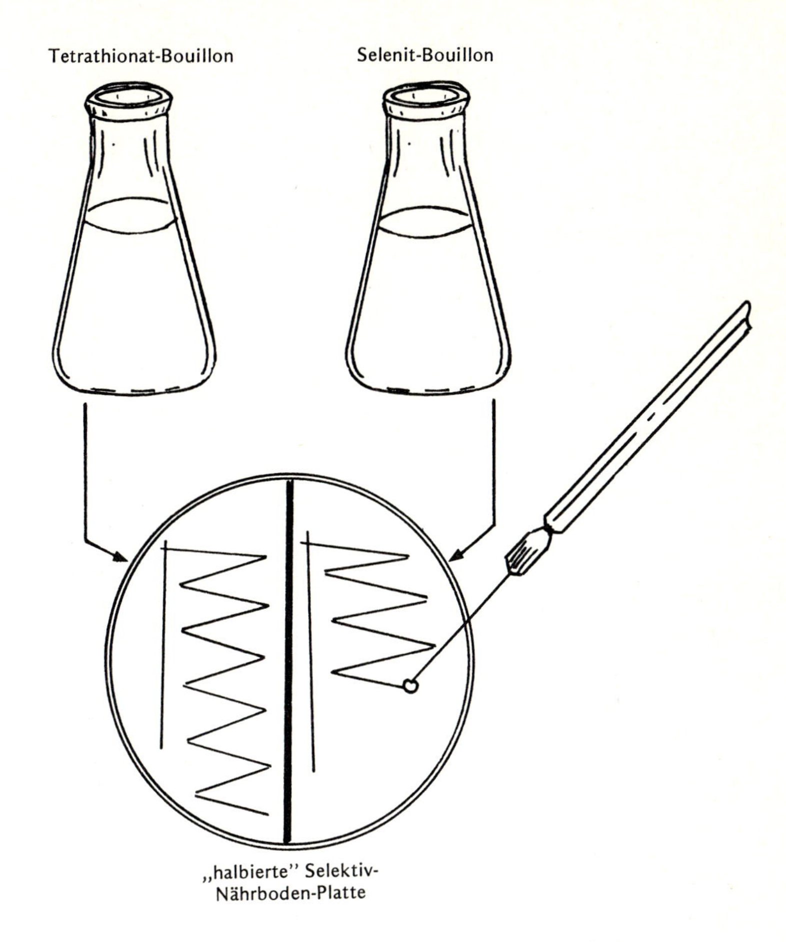

Abb. 52. Beimpfung einer Selektivplatte aus zwei Anreicherungskulturen

Dazu wird die zu beimpfende Nährbodenplatte auf der Unterseite mit einem Filzstift durch einen Strich "halbiert". Von jeder Anreicherung wird jeweils nur eine Hälfte der Platte beimpft (Abb. 52).

Anhang

Rezepturen für Farbstoff- und Reagenzlösungen diverser Färbemethoden

Farbstoff- und Reagenzlösungen

Methylenblaulösung für die Vitalfärbung

Lösung A :	Methylenblau	0,02 g
	dest. Wasser	100,00 ml
Lösung B :	0,2 mol KH_2PO_4 (Kaliumhydrogenphosphat)	99,75 ml
	0,2 mol Na_2HPO_4 (di-Natriumhydrogenphosphat)	0,25 ml

Lösung A und Lösung B im Verhältnis 1:1 mischen

Erythrosinlösung für die Vitalfärbung

Lösung A :	Erythrosin	1,00 g
	dest. Wasser	100,00 ml
Lösung B :	0,2 mol Na_2HPO_4 (di-Natriumhydrogenphosphat)	50,00 ml
	0,2 mol NaH_2PO_4 (Natriumhydrogenphosphat)	50,00 ml

Gebrauchslösung: 1 ml Lösung A in 50 ml Lösung B mischen

Methylenblaulösung (Nach LÖFFLER)

Lösung A :	Methylenblau	0,30 g
	Äthanol, 96%ig	10,00 ml
Lösung B :	0,01%ige KOH (Kaliumhydroxid)	100,00 ml

Gebrauchslösung: 10 ml Lösung A und 100 ml Lösung B mischen

Carbolfuchsinlösung (Nach ZIEHL-NEELSEN)

Stammlösung[6] :	Basisches Fuchsin	0,30 g
	Äthanol, 96%ig	10,00 ml
Gebrauchslösung:	Fuchsin-Stammlösung	10,00 ml
	Phenol	5,00 g
	dest. Wasser	95,00 ml

Malachit-Safranin-Sporenfärbung (Nach SHIMWELL)

Gebrauchslösung für die Sporenfärbung

Malachitgrünlösung:	Malachitgrün	5,00 g
	dest. Wasser	100,00 ml

Gebrauchslösung für die Gegenfärbung

Safraninlösung :	Safranin	0,50 g
	dest. Wasser	100,00 ml

Carbolfuchsin-Methylenblau-Sporenfärbung (Nach KLEIN)

Gebrauchslösung zur Sporenfärbung

Carbolfuchsinlösung: siehe Lösung nach ZIEHL-NEELSEN

Gebrauchslösung zum Entfärben

Natriumsulfitlösung:	Natriumsulfit	10,00 g
	dest. Wasser	100,00 ml

Gebrauchslösung zum Gegenfärben

Methylenblaulösung :	gesättigte Lösung von Methylenblau in 96%igem Äthanol	10,00 ml
	dest. Wasser	90,00 ml

Carbolgentianaviolett-Fuchsin-Gramfärbung

Carbolgentianaviolettlösung

Stammlösung[6] :	Gentianaviolett	10 - 20,00 g
	Äthanol, 96%ig	100,00 ml

In brauner Flasche lösen, schütteln, stehen lassen, nach einigen Tagen filtrieren. Der Rückstand kann wieder mit Äthanol ausgezogen werden.

Gebrauchslösung:	Stammlösung	5,00 ml
	Phenol, 2,5%ig in wässriger Lösung	95,00 ml

Lugol'sche Lösung

Gebrauchslösung:	Jod	1,00 g
	Kaliumjodid	3,00 g
	dest. Wasser	300,00 ml

Jod und Kaliumjodid in wenig Wasser lösen und dann mit dem restlichen Wasser auffüllen. Gebrauchslösung in brauner Flasche aufbewahren.

Fuchsinlösung

Stammlösung[6] :	Basisches Fuchsin Äthanol, 96%ig	0,30 g 10,00 ml
Gebrauchslösung:	5 ml Stammlösung in 100 ml dest. Wasser	

Kristallviolett-Safranin-Färbung (Nach HUCKER)

Kristallviolettlösung

Lösung A :	Kristallviolett Äthanol, 96%ig	2,00 g 20,00 ml
Lösung B :	Ammoniumoxalat dest. Wasser	0,80 g 80,00 ml
Gebrauchslösung:	Lösung A und Lösung B 1:1 mischen, vor Gebrauch 24 Stunden stehen lassen	

Lugol'sche Lösung

Gebrauchslösung:	Jod Kaliumjodid dest. Wasser	1,00 g 3,00 g 300,00 ml
	Jod und Kaliumjodid in wenig Wasser lösen und dann mit dem restlichen Wasser auffüllen. Gebrauchslösung in brauner Flasche aufbewahren.	

Safraninlösung

Stammlösung :	Safranin Äthanol, 96%ig	2,50 g 10,00 ml
Gebrauchslösung:	10 ml Stammlösung und 90 ml dest. Wasser	

---

[6]Die gebrauchsfertigen Färbelösungen (Stammlösung + Zusatzreagenz) sind je nach Färbelösung einige Tage bis Monate haltbar.

Bei häufigem Gebrauch ist es empfohlen, haltbare Farbstoff-Stammlösungen herzustellen, die nach Zusetzen der genannten Reagenzien gebrauchsfertig sind.

- Fuchsin-Stammlösung 50 - 70 g auf 0,1 l Äthanol rein, 96%ig
- Methylenblau-Stammlösung 50 - 70 g auf 0,1 l Äthanol rein, 96%ig
- Gentianaviolett-Stammlösung 30 - 40 g auf 0,5 l Äthanol rein, 96%ig

Bei ständigem Schütteln sind die Lösungen nach kurzer Zeit gesättigt. Es bleibt ein Bodensatz zurück, von dem man dekantiert

Stammsammlungen für Bakterien-, Pilz- und Hefekulturen

Bakterien

American Type Culture Collection, 12 301 Parklawn Drive, Rockville/Maryland 20 852, USA

The National Collection of Type Cultures in Lister Inst. of Preventive Medicine, London NW 9, Central Public Health Laboratory, Colindale Avenue, England

Institut für Hygiene der Bundesanstalt für Milchforschung, D-2300 Kiel (Sammlung von Streptokokkenstämmen)

Statens Seruminstitut, Kopenhagen, Amagar Boulevard 80, DK-2300 Kopenhagen S (Sammlung von Enterobacteriaceen)

Nationale Salmonella-Zentrale am Robert Koch-Institut, D-1000 Berlin, Nordufer 20 (Sammlung von Salmonellen, Shigellen und anderen Enterobacteriaceen)

Deutsche Sammlung von Mikroorganismen, D-3400 Göttingen, Griesbachstr. 8

Pilz- und Hefekulturen

Centraalbureau voor Schimmelcultures, Baarn, Oosterstraat 1, Niederlande

Centraalbureau voor Schimmelcultures (Hefeabteilung), Delft, Julianalaan 67a, Niederlande

Institut für Gärungsgewerbe und Biotechnologie, Seestr. 13, D-1000 Berlin (Sammlung von Hefen)

Deutsche Forschungsanstalt für Lebensmittelchemie, D-8000 München, Leopoldstr. 175 (Sammlung von *Penicillium*-, *Aspergillus*-, *Fusaria*- und anderen Pilzen)

Bezugsquellen relevanter Seren, Phagen, Plasma und Sensibilitätsorganismen

Seren

Behringwerke AG, D-3500 Marburg
(omni-, poly-, monovalente *Salmonella*-Seren)

Phagen

Biokema SA, CH-1023 Crissier-Lausanne, Schweiz
(polyvalenter 0-1-Phage)

Plasma

Becton Dickinson BBL GmbH, Waldhofstr. 1, D-6900 Heidelberg 1
(Koagulaseplasma für Staphylokokken)

Sensibilitätsorganismen

Merck, D-6100 Darmstadt
(*Bac. subtilis* und *Bac. stearothermophilus* für Hemmstofftests)

Literatur

Allgemeine Mikrobiologie

FEY H (1978) Kompendium der allgemeinen medizinischen Bakteriologie, Verlag Paul Parey, Berlin und Hamburg

MÜLLER E, LÖFFLER W (1982) Mykologie - Grundriß für Naturwissenschaftler und Mediziner -, 4. Aufl., Georg Thieme Verlag, Stuttgart

MÜLLER G (1980) Mikrobiologie - Wörterbuch der Biologie, Gustav Fischer Verlag, Stuttgart

SchLEGEL HG (1976) Allgemeine Mikrobiolgie, 4. Aufl., Georg Thieme Verlag, Stuttgart

WIESMANN E (1978) Medizinische Mikrobiologie, 4. Aufl., Georg Thieme Verlag, Stuttgart

Allgemeine mikrobiologische Methoden

DREWS G (1976) Mikrobiologisches Praktikum, 3. Aufl., Springer Verlag, Berlin Heidelberg New York

HALLMANN L, BURKHARDT F (1974) Klinische Mikrobiologie, Georg Thieme Verlag, Stuttgart

SCHRÖDER H (1977) Mikrobiologisches Praktikum, 2. Aufl., Volk und Wissen Volkseigener Verlag, Berlin

Lebensmittelmikrobiologie

AUTORENKOLLEKTIV (1981) Mikrobiologie tierischer Lebensmittel, Verlag Harri Deutsch, Thun Frankfurt/M

FIELDS ML (1979) Fundamentals of food microbiology, AVI Publishing Company, Inc., Westport, Conneticut

FRAZIER WC (1967) Food Microbiology, Mc Graw-Hill Book Co., New York

JAY JM (1978) Modern Food Microbiology, Second Edition, D. Van Nostrand Company, London

MÜLLER G (1979) Grundlagen der Lebensmittelmikrobiologie, 4. Aufl., VEB Fachbuchverlag, Leipzig

MÜLLER G (1977) Mikrobiologie pflanzlicher Lebensmittel, 2. Aufl., VEB Fachbuchverlag, Leipzig

NOSKOWA GL (1975) Mikrobiologie des Fleisches bei Kühllagerung, VEB Fachbuchverlag, Leipzig

Lebensmittelmikrobiologische Methoden und Spezifikationen

BGA (Bundesgesundheitsamt): Amtliche Sammlung von Untersuchungsverfahren nach § 35 LMBG - Losblattsammlung, Beuth Verlag, Berlin

CORRY JEL, ROBERTS D, SKINNER FA (1982) Isolation and identification methods for poisoning organisms, Academic Press, London

FDA (Food and Drug Administration) (1978) Bacteriological Analytical Manual, 5th Edition, Published by AOAC, Washington
HARRIGAN WF, McCANCE ME (1966, 1970) Laboratory Methods in Microbiology, Third Printing, Academic Press, London
HARRIGAN WF, McCANCE ME (1976) Laboratory methods in food and dairy microbiology, Academic Press, London
ICMSF (International Commission on Microbiological Specification for Foods of the International Association of Microbiological Societies) (1978) Microorganisms in Foods 1; Their significance and methods of enumeration, Second Edition, University of Toronto Press, Toronto Buffalo London
ICMSF (International Commission on Microbiological Specification for Foods of the International Association of Microbiological Societies (1974) Microorganisms in Foods 2; Sampling for microbiological analysis: Principles and specific applications, University of Toronto Press, Toronto Buffalo London
SCHMIDT-LORENZ W (1981) Sammlung von Vorschriften zur mikrobiologischen Untersuchung von Lebensmitteln - Losblattsammlung, Verlag Chemie, Weinheim Deersfield Beach Basel

Hygiene

BENTLER W (1980) Mikrobiologie, Hygiene, Immunitätslehre, Ferdinand Schöningh Verlag, Paderborn
BORNEFF J (1977) Hygiene - Ein Leitfaden für Studenten und Ärzte, 3. Aufl., Georg Thieme Verlag, Stuttgart
SEELIGER HPR (1977) Entstehung und Verhütung von mikrobiellen Lebensmittelinfektionen und -vergiftungen, 2. Aufl., Ferdinand Schöningh Verlag, Paderborn
SINELL HJ (1980) Einführung in die Lebensmittelhygiene, Verlag Paul Parey, Berlin

Desinfektion und Sterilisation

SKINNER FA, HUGO WB (1976) Inhibition and Inactivation of vegetative Microbes, Academic Press, London
WALLHÄUSSER KH (1978) Sterilisation, Desinfektion, Konservierung, 2. Aufl., Georg Thieme Verlag, Stuttgart

Identifizierung von Bakterien, Hefen und Schimmelpilzen

BARNETT HL (1960) Illustrated Genera of Imperfect Fungi, Burgess Publishing Co., Minneapolis
BUCHANAN RH, GIBBONS NE (1974) Bergey's Manual of Determinative Bacteriology, 8th Edition, The Williams & Wilkens Comp, Baltimore
LODDER J (1974) General classification of yeast, The Yeast, A Taxonomic Study, North-Holland Publishing Co., Amsterdam
SAMSON RA, HOEKSTRA ES, VAN OORSCHOT CAN (1981) Introduction to Food-Born Fungi. Centraalbureau voor Schimmelcultures, Baarn, The Netherlands

Nährböden

BECTON DICKINSON GmbH (1980) Handbuch Mikrobiologie, Heidelberg

DIFCO (1974) Manual of Dehydrated Culture Media and Reagents for Microbiological and Clinical Laboratory Procedures, 9th Edition, Detroit, Michigan

MERCK (1980) Handbuch Nährböden, Darmstadt

OXOID (1983) Handbuch, 4. Aufl., Wesel

Einzelveröffentlichungen

AIIBP (Association Internationale de L'Industrie de Bouillons et Potages) (1972) Microbiological Specification for dry soups. Alimenta 11:191-193

ANGELOTTI R, HALL EH, FOTER MJ, LEWIS KM (1962) Quantitation Appl Microbiol 10:193-199

ARBEITSGRUPPE MIKROBIOLOGIE DER PACKSTOFFE, Fraunhofer-Institut (1974) Bestimmung der Oberflächenkeimzahl (Bakterien, Schimmelpilze, Hefen und coliforme Keime) auf nicht saugfähigen Packstoffen. Merkblatt 21; Verpackungs-Rdsch 25, Nr. 7, Techn-wiss Beilage S. 53-55

ARBEITSGRUPPE MIKROBIOLOGIE DER PACKSTOFFE, Fraunhofer-Institut (1972) Bestimmung der Gesamtkeimzahl, der Anzahl an Schimmelpilzen und Hefen und der Anzahl an coliformen Keimen vorgefertigter Verpackungen. Merkblatt 15; Verpackungs-Rdsch 23, Nr. 11, Techn-wiss Beilage S. 89-92

ARBEITSGRUPPE MIKROBIOLOGIE DER PACKSTOFFE, Fraunhofer-Institut (1974) Bestimmung der Gesamtkeimzahl, der Anzahl an Schimmelpilzen und Hefen und der Anzahl an coliformen Keimen in Flaschen und vergleichbaren enghalsigen Behältern. Merkblatt 19; Verpackungs-Rdsch 25, Nr. 6, Techn-wiss Beilage S. 569-575

BAIRD-PARKER AC (1962) An improved diagnostic and selective medium for isolating coagulase positive staphylococci. J Bact 25:12

BAUMGART J (1978) Auf die Methode kommt es an. Hygiene-Kontrollverfahren im Betrieb. Lebensmitteltechnik 10(9):25-27

BAUMGART J (1977) Empfehlenswerte mikrobiologische Methoden zur Überwachung der Betriebshygiene. Chem Rdsch 29:3

BAUMGART J (1980) Aktuelles zur mikrobiologischen Lebensmitteluntersuchung. 172. KIN-Seminar "Mikrobiologische Arbeitsmethoden". Empfehlenswerte Methoden und Medien für die Untersuchung von Lebensmitteln tierischer und pflanzlicher Herkunft (Ref. ZSCHALER R). Lebensmitteltechnik 12(1/2):42-46

BAUMGART J (1973) Der 'Stomacher', ein neues Zerkleinerungsgerät zur Herstellung von Lebensmittelsuspensionen für die Keimzahlbestimmung. Fleischwirtschaft 53:1600

BAUMGART J, STOCKSMEYER G (1976) Hitzeresistenz von Ascosporen des Genus Byssochlamys. Alimenta 15:67-70

BAUR E (1975) Untersuchung von Fleisch- und Wurstwaren mit dem Hemmstofftest im Rahmen der tierärztlichen Lebensmittelüberwachung. Fleischwirtschaft 55:843-845

BARRAUD C, KITCHELL AG, LABOTS H, REUTER G, SIMONSEN B (1967) Standardisierung der aeroben Gesamtkeimzahl in Fleisch und Fleischerzeugnissen. Fleischwirtschaft 47:1313-1319

BREWER JD, ALLGEIER DL (1965) Disposable hydrogen generator. Science 147: 1033-1034

CARLONE GM, VALADEZ MJ, PICKETT MJ (1982) Methods for Distinguishing Gram-Positive from Gram-Negative Bacteria. J Clin Microbiol 16:1157-1159

CERNY G (1976) Method for Distinction of the Gram-Negative from Gram-Positive Bacteria. Eur J Appl Microbiol 3:223-225

CERNY G (1978) Studies on the Aminopeptidase-Test for the Distinction of Gram-Negative from Gram-Positive Bacteria. Eur J Appl Microbiol Biotechnol 5:113-122

COSTIN ID, KAPPNER M, SCHMIDT W (Okt. 1983) Der L-Alanin-Aminopeptidase-Test bei grampositiven und gramnegativen Bakterien: Einfluß der Nährmedien. Poster DGHM-Tagung, Bonn

DIN 54 387: Bestimmung der Oberflächenkoloniezahl (Prüfung von Papier, Karton und Pappe)

DEBEVERE JM (1982) Ohne Kontrolle des Wareneingangs kein wirksamer Schutz. Lebensmitteltechnik 14(11):554-559

ELLIOTT RP, MICHENER HD (1961) Microbiological Standards and Handling Codes for Chilled and Frozen Foods. A Review. Appl Microbiol 9:452-468

ESCHMANN KH (1971) Staphylokokken. Ihre Bedeutung für den Lebensmittelbetrieb. Gordian 71:5-7

FEY H, SCHWEIZER R, MARGADANT A (1961) Unsere Erfahrungen mit dem polyvalenten Salmonellaphagen 0-1. Versuche zu dessen optimaler Propagation. Röntgen- und Laborpraxis 14:L 154-158 und L 179-185

FEY H, MARGADANT A, LOZANO-GUTKNECHT (1971) Eine rationelle Massendiagnostik von Salmonella (Shigella). Zbl Bakt Hyg I Abt Orig A 218: 376-389

FOSTER EM (1971) The Control of Salmonellae in Processed Foods: A Classification System and Sampling Plan. Journal of the AOAC 54:259-266

FRESENIUS RE, WIENRICH E, BIBO FJ, SCHNEIDER A (1976) Entwurf eines Standards zur mikrobiologischen Untersuchung von Fruchtsäften und alkoholfreien Erfrischungsgetränken. Mineralbrunnen 26:311-313

GREGERSEN T (1978) Rapid method for distinction of gram-negativ from gram positiv bacteria. Eur J Appl Microbiol Biotechnol 5:123-127

HAUERT W (1982) Die Qualitätssicherung in der Nahrungsmittelindustrie. Akt Ernähr 7:108-110

HORN H, MACHMERTH R (1973) Bestimmung über die Ausführung der Sterilisation Zbl Pharm 112:919-927

JUST E (1980) Mikrobiologische Kontrolle fester Lebensmittel durch Membranfiltration. Lebensmitteltechnik 12(10):59-61

KAMPELMACHER E, MOSSEL DAA, VAN SCHHORST M, VAN NOORLE JANSEN LM (1971) Quantitative Untersuchung über die Dekontamination von Holzflächen in der Fleischverarbeitung. Alimenta-Sonderausgabe, 70-76

KATSARAS K (1980) Nachweis von enterotoxinbildenden Staphylococcus aureus Keimen in der Routinediagnostik. Alimenta 19:41-44

KIELWEIN G (1971) Die Isolierung und Differenzierung von Pseudomonaden aus Lebensmitteln. Arch f Lebensmittelhyg 22:29

KUMMER A, ZÜRCHER K, HADORN H (1977) Auswertung und Beurteilung von bakteriologischen Untersuchungsresultaten von Lebensmitteln. Alimenta-Sonderausgabe, 57-61

KUNDRAT W (1968) Methoden zur Bestimmung von Antibiotika-Rückständen in tierischen Produkten, Z anal Chem 234:624

KUNDRAT W (1972) 45-Minuten-Schnellmethode zum mikrobiologischen Nachweis von Hemmstoffen in tierischen Produkten. Fleischwirtschaft 4:485-487

LEISTNER L, HECHELMANN H, BEM Z (1979) Mikrobiologische Routineuntersuchung von Fleischerzeugnissen im Herstellerbetrieb. Fleischwirtschaft 59:1279-1281

LEVETZOW R (1971) Untersuchung auf Hemmstoffe im Rahmen der Bakteriologischen Fleischuntersuchung (BU). Bundesgesundheitsblatt 14:15/16, 211-213

MOHS HJ (1972) Mikrobiologische Untersuchung von Fertiggerichten. Gordian 72:203-205

MOSSEL DAA, MENGERINCK WJH, SCHOLTS HH (1962) Use of a modified McCONKEY agar for the selective growth and enumeration of all Enterobacteriaceae. J Bact 84:381

MOSSEL DAA, VISSER M, CORNELISSEN AMR (1963) The examination of foods for Enterobacteriaceae using a test of the type generally adopted for the dedection of salmonellae. J Appl Bact 24:444-452

MOSSEL DAA, MARTIN G (1964) Eine dem Salmonella-Nachweis komensurable Untersuchung von Lebens- und Futtermittel auf Enterobacteriaceae. Arch f Lebensmittelhyg 15:169-171

MOSSEL DAA (August 1970) Mikrobiologische Qualitätsbeherrschung in der Lebensmittelindustrie. Alimenta-Sondernummer "Mikrobiologie"

MOSSEL DAA, BIJKER PGH, EELDERINK I (1978) Streptokokken der Lancefield-Gruppe D in Lebensmitteln und Trinkwasser. Ihre Bedeutung, Erfassung und Bekämpfung. Arch f Lebensmittelhyg 29:121-131

OBLINGER JL, KOBURGER JA (1976) Understanding and teaching the most probable number technique. J Milk Food Technol 38:540

OTT H (1960) Eine vereinfachte Methode zur Kultivierung anaerober Mikroorganismen mit dem Symbiose-Verfahren nach FORTNER. Berlin u Münch tierärzt Wschr 73:451-457

OTTE I, TOLLE A, HAHN G (1979) Zur Analyse der Mikroflora von Milch und Milchprodukten. 2. Minaturisierte Primärtests zur Bestimmung der Gattung. Milchwissenschaft 34:152-156

PICHHARDT K (1982) Schnelle Differenzierung von Bakterien der Enterobacteriaceen-Gruppe. Lebensmitteltechnik 14(6):290:291

PICHHARDT K (1982) Salmonellen-Verdachtsdiagnose. Lebensmitteltechnik 14(12): 627-628

PICHHARDT K (1983) Aspekte zu mikrobiologischen Stichprobenplänen. Lebensmitteltechnik 15(12):679-680

PIETZSCH O, MULINDWA HKD (1978) Spezielle Aspekte bei der Voranreicherung auf Salmonellen. Arch f Lebensmittelhyg 29:145-146

REHM H-J, WITTMANN H, STAHL U (1961) Untersuchung zur Wirkung von Konservierungsmittelkombination. 6. Mitteilung: Das antimikrobielle Spektrum bei Kombinationen von Konservierungsmitteln. Z Lebensmittel-Unters-Forsch 115: 244-262

REUSSE U (1978) Nachweismethoden von Salmonellen und Enterobacteriaceen. Arch f Lebensmittelhyg 29:138-145

REUTER G (1970) Mikrobiologische Analyse von Lebensmitteln mit selektiven Medien. Arch f Lebensmittelhyg 21:30-35

REUTER G (1978) Selektive Kultivierung von "Enterokokken" aus Lebensmitteln tierischer Herkunft. Arch f Lebensmittelhyg 29:121-160

RÖDEL W, PONERT H, LEISTNER L (1975) Verbesserter a_w-Wertmesser zur Bestimmung der Wasseraktivität von Fleisch und Fleischwaren. Fleischwirtschaft 55:557-558

SCHMIDT-LORENZ W (1974) Moderne Tendenzen bei der mikrobiologischen Untersuchung von Lebensmitteln: Standards-Grenzkeimzahlen-Spezifikation-Standardisierung der Methoden. Chem Rsch 27, Nr. 13

SCHMIDT-LORENZ W (1965) Methoden quantitativer Isolierung und Bestimmung von in Lebensmitteln vorkommenden Bakterien. Zbl Bakt Supplementheft 1, 270-355

SHATTOCK PMF (1962) Enterococci. In: Chemical and Biological Hazards in Food. AYRES JC et al., Editors. Iowa State University Press, 303-319

SIEMS H (1980) Auswahl von Selektivmedien zur Erfassung von Staphylococcus aureus in Lebensmitteln. Lebensmitteltechnik 12(6):71-75

SINELL HJ, BAUMGART J (1967) Selektivnährböden mit Eigelb zur Isolierung von pathogenen Staphylokokken aus Lebensmitteln. Zbl Bakt Hyg, I. Orig. 204: 248

SPICHER G (1972) Zur Frage der Beurteilung mikrobieller Keimzahlen von Mehl und Grieß. Getreide, Mehl und Brot 26:1-5

SPLITTSTOESSER DF, KUSS FR, HARRISON W (1970) Enumeration of Byssochlamys and other heat resistent molds. Appl Microbiol 20:393-397

UNTERMANN F (1970) Varianzanalytische Untersuchung über die Fehlergröße der "drop-plating"-Technik bei kulturellen Keimzahlbestimmungen an Lebensmitteln. Zbl Bakt I. Orig A 215:563

WEHRLI H (1974) Betriebshygienische und mikrobiologische Fragen bei der Marzipanherstellung. Kakao + Zucker 11:332-340

WINDISCH S (1977/78) Nachweis und Wirkung von Hefen in zuckerhaltigen Lebensmitteln. Alimenta-Sonderausgabe, 22-29

ZIMMERLI A (1980) Quantitative Bestimmung von wenigen osmotoleranten Hefen in Lebensmitteln. Alimenta 19:67-71

ZSCHALER R (1979) Nachweis von Mikroorganismen. Lebensmitteltechnik 11(9): 61-67

ZSCHALER R (1978) Alternativen. Erfahrung mit den Untersuchungsmethoden der Trinkwasser-VO. Lebensmitteltechnik 10:55-57

Glossarium

aerob
Sauerstoffbedürftig; molekularer Sauerstoff wird zur Atmung benötigt.

Agglutination
Verklumpung; serologische Reaktion, die durch spezifische Wechselwirkung von Antigen und Antikörper charakterisiert ist.

anaerob
Sauerstofffrei lebend; molekularer Sauerstoff wirkt als Zellgift.

Antigen
Löst die Bildung von Antikörpern in Wirbeltieren aus.

Anreicherung
Mit Hilfe geeigneter Nährmedien, Temperatur, pH-Wert etc. angelegte Kultur, die zum Ziel hat, eine bestimmte Mikroorganismenart in ihrer Entwicklung gegenüber den anderen in einer Mischkultur enthaltenen Art bevorzugt zu fördern und damit mengenmäßig zu vermehren.

ATCC
American Type Culture Collection; amerikanische Sammlungsstätte für Mikroorganismen.

Autoklav
Druckbehältnis zur Sterilisation von Nährböden und Arbeitsgeräten unter gespanntem Dampf.

Barytwasser
Reagenz zur Prüfung auf Anwesenheit von Kohlendioxid.

BGA
Bundesgesundheitsamt.

Bouillon
Nährlösung, die neben Wuchsstoffen auch Fleisch-, Hefe-, oder Sojamehlextrakte enthält.

Bunte Reihe
Verfahren zur Differenzierung von Bakterien durch Prüfung verschiedener physiologischer Merkmale. Die zur Bunten Reihe gehörenden unterschiedlichen Nährmedien sind durch Farbindikatoren gekennzeichnet, die nach dem Beimpfen und Bebrüten mit den zu differenzierenden Bakterienstämmen eine bestimmte Färbung annehmen.

Coccus
Coccum (lat. = Beere), kugelförmige Bakterien.

Dampftopf
Topf mit Deckel, in dem Nährböden in heißem Dampf fraktioniert sterilisiert werden ——→ Tyndallisation.

DRIGALSKI-Spatel
Nach dem deutscher Bakteriologen K.W. von DRIGALSKI benannter, an einem Ende abgewinkelter oder zu einem Dreieck gebogener Glasstab. Der Spatel dient vor allem zum gleichmäßigen Ausstreichen von Impfmaterial auf festen Nährböden.

fakultativ
Wahlweise, nicht ausschließlich.

FDA
Food and Drug Administration, Lebensmittel- und Pharmabehörde der Vereinigten Staaten von Amerika.

GRAM-Färbung
Nach dem dän. Bakteriologen GRAM benanntes Färbeverfahren, bei dem grampositive Bakterien Farbstoff trotz Alkoholbehandlung festhalten, die gramnegativen dagegen abgeben.

GMP
Good Manufacturing Practice, gute Herstellpraxis.

Halophile
Hal (griech. = Salz), philein (griech. = lieben); Mikroorganismen mit einer Unempfindlichkeit gegenüber hohen Salzkonzentrationen.

ICMSF
International Commission on Microbiological Specification for Foods of the International Association of Microbiological Societies.

impfen
Übertragung von keimhaltigem Material in oder auf sterile Nährmedien bzw. Nährböden mit Hilfe einer Impföse oder Impfnadel.

Impföse
Am freien Ende ringförmig gebogener Platindraht. Je nach Durchmesser können unterschiedliche Mengen Inokulum aufgenommen werden.

Impfnadel
3 - 6 cm langer Platindraht mit spitzem Ende zum Anlegen von Stichkulturen.

Impfstrich
Strichförmiges Überimpfen von keimhaltigem Material auf einen festen Nährboden.

Infektion
Eindringen und Vermehren von Mikroorganismen im Makroorganismus.

Inokulum
Aufschwemmung von lebenden Mikroorganismen, die zum Beimpfen dient.

Intoxikation
Erkrankung durch von Bakterien und Pilzen gebildete Toxine (Gifte).

Katalase
Wasserstoffperoxid spaltendes Enzym ($H_2O_2 \longrightarrow H_2O + 1/2\ O_2$). Beim Mikroorganismus dient der Katalase-Nachweis als diagnostisches Merkmal.

KOLLE-Halter
Ein nach seinem Erfinder W. KOLLE benannter Metallhalter für Impfnadeln und Impfösen. Letztere können mittels Schraubverschluß und Klemmbacken, die sich am Ende des stabförmigen Halters befinden, leicht ausgetauscht werden.

Koagulase
Von *Staphylococcus aureus* gebildetes Enzym, welches Plasma zur Gerinnung (Koagulation) bringt. Pathogenitätskriterium.

Kontamination, mikrobiol.
Verunreinigung von Lebensmitteln, Gegenständen etc. mit Schaderregern (apathogen oder pathogen).

Lipolyten
Mikroorganismen mit lipolytischen (fettspaltenden) Eigenschaften.

mesophil
Mesós (griech. = Mitte), philein (griech. = lieben). Charakteristikum für Mikroorganismen, deren Temperaturoptimum für eine Vermehrung etwa zwischen 20 und 37°C liegt.

mikroaerophil
Vermehrungsmöglichkeit bei geringen molekularen Sauerstoffmengen.

MPN
Most Probable Number, statistisch ermittelte wahrscheinlichste Keimzahl.

Objektträger
Kleine rechteckige Glasplatte zum Herstellen von mikroskopischen Präparaten.

Objektträgeragglutination
Vielfach eingesetzte Form der Agglutination zur Identifizierung und Differenzierung von Bakterien der Gattungen *Salmonella*, *Shigella* und *Escherichia*.

obligat
Unerläßlich, ausschließlich, unvermeidlich.

osmophil - osmotolerant
Osmophile Mikroorganismen kommen vorwiegend in konzentrierter Zuckerlösung mit hohen osmotischen Werten zur Entwicklung. Da osmophile Mikroorganismen aber auch in Nährlösungen mit geringen Zuckerkonzentrationen wachsen, werden sie oft als osmotolerant bezeichnet.

Oxidase
Die Reaktion wird zur Klassifizierung von Bakterien verwendet, welche über das Enzym Cytochromoxidase verfügen.

Pathogen
Krankheitserregend.

Plaque
Fleck; ein von seiner Umgebung abgesetzter, spezifisch veränderter Bezirk, entstanden durch lokale Vermehrung eines Virus in einer Zellkultur oder auf einem Bakterienrasen.

Proteolyten
Mikroorganismen mit proteolytischen (eiweißspaltenden) Eigenschaften.

psychrophil
Psychrós (griech. = kalt); philein (griech. = lieben). Charakteristikum für Mikroorganismen, die sich noch bei Temperaturen von 0°C und niedriger vermehren können.

Reinkultur
Kultur von Mikroorganismen, die nur eine einzige Art, also keine Begleitflora, enthält.

Resistenz
Widerstandsfähigkeit eines Organismus gegen bestimmte Einflüsse, in der Lebensmittelmikrobiologie bspw. Wärme, Kälte, pH-Werte, Konservierungsstoffe, Desinfektionsmittel etc.

Serologie
Lehre von der Antigen-Antikörper-Reaktion, die für diagnostische Zwecke genutzt wird.

Spore
Fortpflanzungseinheit, die der Vermehrung und Verbreitung oder als resistente Dauerform gegen Umwelteinflüsse dient.

thermophil
thermê (griech. = Wärme). Thermophile Bakterien zeichnen sich durch hohe Optimal- und Maximaltemperaturen der Vermehrung aus.

Toxin
Von bestimmten Bakterien (Bakterientoxin) und Pilzen (Mycotoxin) gebildeter Giftstoff; Endotoxin, Molekülkomplex innerhalb der Zellwand besonders der gramnegativen Bakterien.

Tyndallisation
Fraktionierte Sterilisation von Nährböden im Dampftopf an drei aufeinanderfolgenden Tagen.

Sachverzeichnis